职业教育通识课程系列教材

APPLICATION OF NEW ENERGY TECHNOLOGY

新能源技术应用

◎ 总主编　周永平

◎ 主　编　黄　勇

◎ 副主编　李　伟　李宏伟　胡立山

◎ 主　审　杨清德

重庆大学出版社

内容提要

本书为职业教育通识课程系列教材之一，针对新能源技术应用领域，采用项目任务式编排设计，基于工作过程导向，综合新能源领域相应技术特点及应用编写而成。

本书共分 6 个学习任务，分别介绍了太阳能、风能、生物质能、地热能、核能、新能源电池相关知识，并对上述新能源所涉及的主要技术、设备、应用实例等进行了详细阐述。

本书可作为中等职业院校、普通初高中、高等职业教育等的通识教材，也可作为普通读者了解新能源基础知识及技术应用的参考用书。

图书在版编目（CIP）数据

新能源技术应用 / 黄勇主编. -- 重庆：重庆大学
出版社，2025.1. --（职业教育通识课程系列教材）.
ISBN 978-7-5689-4627-8

Ⅰ. TK01

中国国家版本馆CIP数据核字第20247BF529号

新能源技术应用
XINNENGYUAN JISHU YINGYONG

总主编　周永平

主　编　黄　勇

副主编　李　伟　李宏伟　胡立山

主　审　杨清德

策划编辑：袁文华

责任编辑：杨育彪　　　版式设计：袁文华

责任校对：关德强　　　责任印制：赵　晟

*

重庆大学出版社出版发行

出版人：陈晓阳

社址：重庆市沙坪坝区大学城西路21号

邮编：401331

电话：（023）88617190　88617185（中小学）

传真：（023）88617186　88617166

网址：http://www.cqup.com.cn

邮箱：fxk@cqup.com.cn（营销中心）

全国新华书店经销

重庆正光印务股份有限公司印刷

*

开本：787mm×1092mm　1/16　印张：8　字数：181千

2025年1月第1版　　2025年1月第1次印刷

ISBN 978-7-5689-4627-8　　定价：39.00元

前 言
PREFACE

能源需求越来越广泛的今天，在国家相关政策的支持下，太阳能、风能、生物质能、地热能、核能、新能源电池等已进入寻常百姓家，例如，新能源动力电池已大量应用在汽车上，各种新技术的试验正紧锣密鼓地进行。随着人类的不断探索及相关技术的不断更新，新能源有望成为未来的主流能源，并完全替代传统能源。

本书在"碳中和"背景下，以新能源知识普及为主体，以新能源技术为主线，以新能源应用为副线，全面系统地介绍了新能源领域的技术实现方式及其相关应用成果。

本书主要内容包括光热、光电、光氢转换技术；风力发电、风力提水、风力制热技术；生物质能汽化、液化、发电技术；地热能发电及地热康养技术；核能发电与核能安全技术；新能源动力电池生产、运维、回收技术。本书还对上述技术的实现方式、主要设备、应用实例及现状进行了综合描述。

本书主要特点有以下四个方面：

（1）本书瞄准"新"字，深入行业实际，了解新能源现状及产线流程，注重新技术、新工艺、新材料的行业应用选材。

（2）本书结构完整、知识全面，对新能源所涉及技术进行了详细梳理和归纳，力求核心技术重点体现，技术沿革纵向深入，前沿技术横向展开。

（3）本书在充分论证的基础上，精心安排全书结构，目录结构"见字知义"，具体内容由情境至目标，由目标定探究，由探究引延伸，知识链清晰。

（4）本书将技术与育人结合，融合国家、区域发展成果，旨在提升学习者对新能源技术的整体认识，树立低碳环保理念，付诸节能减排行动，共建低碳生活。

本书可作为中等职业院校、普通初高中、高等职业教育等的通识教材，也可作为普通读者了解新能源基础知识及技术应用的参考用书。

本书由重庆市教育科学研究院周永平担任总主编，重庆市巫溪县职业教育中心黄勇担任主编，重庆市石柱土家族自治县职业教育中心李伟、重庆市荣昌区职业教育中心胡立山、重庆市九龙坡区职业教育中心李宏伟担任副主编。其中，学习任务 1 和学习任务 5 由李伟编写，学习任务 2 和学习任务 3 由黄勇编写，学习任务 4 由胡立山编写，学习任务 6 由李宏伟编写。本书由黄勇负责大纲拟订和全书统稿。

本书为重庆市教育科学研究院立项的重庆市科研院所激励引导专项项目"基于 AI+ 大数据的重庆市职业教育产教对接谱系图开发与应用"项目成果。本书在编写过程中得到了重庆大学出版社以及各参与学校的高度重视和大力支持，得到了重庆市垫江县职业教育中心研究员、重庆市教学专家杨清德的精心指导，在此一并表示感谢。本书参考了部分教材及文献资料，在此向原作者致以诚挚的感谢。

本书涉及面广，内容较多，由于新技术、新产品发展迅速，加之编者水平有限，书中难免有不妥之处，恳请各位读者批评、指正。

编　者

2024 年 9 月

目 录
CONTENTS

学习任务 1 太阳能技术应用

1.1 光热银行

『学习情境』

太阳能（solarenergy）是一种可再生能源，是指太阳的热辐射能（热量传递的途径有三种：传导、对流、辐射），主要表现就是常说的太阳光线，在现代一般用作发电或者为热水器提供能源。太阳能是由太阳内部氢原子发生氢氦聚变释放出巨大核能产生的，来自太阳的辐射能量。人类所需能量的绝大部分都直接或间接地来自太阳。

自地球上的生命诞生以来，就主要以太阳提供的热辐射能生存。人类自古就懂得以阳光晒干物件，并作为制作食物的方法，如制盐和晒咸鱼等。在化石燃料日趋减少的情况下，太阳能已成为人类使用能源的重要组成部分，并不断得到发展。太阳能的利用有光热转换和光电转换两种方式，太阳能发电是一种新兴的可再生能源。广义上的太阳能也包括地球上的风能、化学能、水能等。图 1-1 是太阳能发电站（光热电站）。

图 1-1 太阳能发电站（光热电站）

张强是一名小学全科教师，在给学生讲解自然科学——太阳能制热原理时，学生对抽象的知识不好理解，请帮助学生完成太阳能制热模型的制作。

『学习目标』

1. 学习太阳能制热的原理。
2. 学习要准备哪些材料才能使吸管里的水变热。
3. 学习太阳能在极寒地区给人们生活带来了哪些便利。

『学习导航』

『学习探究』

1. 光的收集

光具有分散性，到达地球表面的太阳辐射的总量尽管很大，但是能流密度很低。因此，在利用太阳能时，想要得到一定的转换功率，就需要制作一个光能量的收集装置。将太阳的能量收集起来，这样就可以利用太阳的能量了。

太阳能集热器是指吸收太阳辐射并将产生的热能传递给传热工质的装置，也是太阳能热利用中的关键设备。全玻璃真空太阳集热管就是这样一个能量收集装置，其结构及实物如图 1-2 所示。

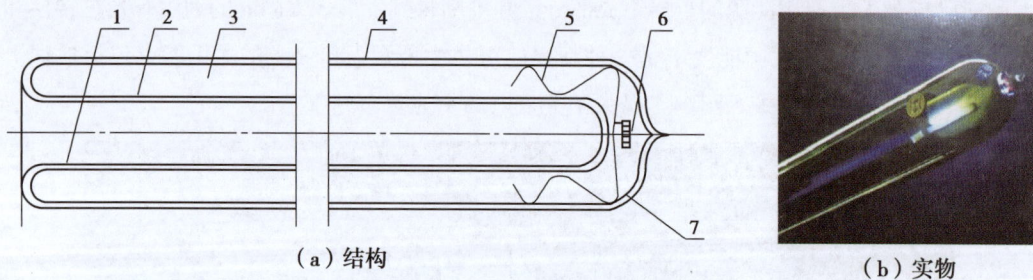

（a）结构　　　　　　　　　　　　　　　　（b）实物

图 1-2　全玻璃真空太阳集热管结构及实物图

1—内玻璃管；2—太阳选择性吸收涂层；3—真空夹层；4—罩玻璃管；5—支承件；6—吸气剂；7—吸气镜面

全玻璃真空太阳集热管由具有太阳选择性吸收涂层的内玻璃管和同轴的罩玻璃管构成。内玻璃管一端为封闭的圆顶形状，由罩玻璃管封离端内带吸气剂的支承件支承，另一端与罩玻璃管的一端熔封成为环状的开口端。目前集热效果较好的是 Al–N/Al 真空溅射选择性镀膜，利用该膜的玻璃真空管，其吸收率 ≥ 0.93；红外发射率 $\varepsilon <0.6$；平均热损 $U_{LT} \leqslant 0.9\ \text{W/}(\text{m}^2 \cdot \text{℃})$；真空度 $p<5 \times 10^{-3}\text{Pa}$。全玻璃真空太阳集热管由高硼硅 3.3 特硬玻璃制造，采用真空溅射选择性镀膜工艺，该工艺分为铝氮单靶镀膜和铜、铝、不锈钢三靶镀膜两种。

全玻璃真空太阳集热管像一个被拉长的热水壶内胆，由一大一小两支玻璃管套合而成，外层透明，内层涂有对光谱有选择性吸收的涂层，内外管之间抽成真空，可最大限度地吸收太阳光辐射后的热能。相较于国内的解决方案，国外成熟的集热器都是平板集热器，平板集热器具有寿命长、稳定性高、可回收等优点。

目前国内生产的很多平板集热器性能不佳，影响了平板集热器在国内的发展，但是平板集热器在太阳能光热行业的发展潜力是不可低估的。表 1-1 为真空太阳能集热器和平板太阳能集热器的对比。

表 1-1　真空太阳能集热器和平板太阳能集热器的对比

项目	真空太阳能集热器	平板太阳能集热器
市场占有率	95%	5%
承压能力	0.15 MPa	0.8 MPa
防冻与抗冻性能	好	差
结垢	不易	易
热效率	93.5%	54%
抗风	受风影响较小	受风影响大
占地面积	小	大
生产效率	高	较低
抗高温性能	较强	较弱
照射角	各个方位	尽量面南

平板太阳能集热器是针对小高层住宅配套设计开发的，其集热器与水箱互相分离，均可灵活安装在屋顶、天窗、阳台或墙壁上，不受位置限制，达到了与高层建筑及环境一体化的完美结合。

太阳能的优点：

（1）普遍：太阳光普照大地，没有地域的限制，无论陆地或海洋，无论高山或岛屿，处处皆有，可直接开发和利用，便于采集，且无须开采和运输。

（2）无害：开发利用太阳能不会污染环境，它是最清洁的能源之一，在环境污染越来越严重的今天，这一点是极其宝贵的。

（3）巨大：每年到达地球表面上的太阳辐射能约相当于 130 万亿 t 煤，其总量是现今世界上可以开发的最大能源。

（4）长久：根据太阳产生的核能速率估算，氢的储量足够维持上百亿年，而地球的寿命也约为几十亿年，从这个意义上讲，可以说太阳的能量是用之不竭的。

2. 储水箱

储水箱又称保温水箱，是储存热水的装置，是太阳能热水器的重要部件，因为太阳能热水器只能在白天工作，而人们一般在晚上才使用热水，所以必须通过保温层把太阳能集热器在白天产出的热水储存起来。储水箱的容积是每天晚上用热水量的总和。储水箱的结构设计、保温材料的选择将直接影响太阳能热水器的性能和使用寿命。

太阳能热水器的储水箱由外壳、内胆、保温层三部分组成。储水箱外壳采用 0.5 mm 厚彩钢板、镀铝锌板或不锈钢板制成，强度高、耐腐蚀。储水箱内胆采用 0.5 mm 厚的 304 不锈钢板经自动氩弧焊焊接加工制成，304 不锈钢板含碳量低，因此焊缝质量高，不易锈蚀。储水箱保温层采用 45 mm 优质聚氨酯整体发泡形成，保证了太阳能热水器的热效率大于50%。太阳能热水器结构及其储水箱剖视图如图 1-3 所示。

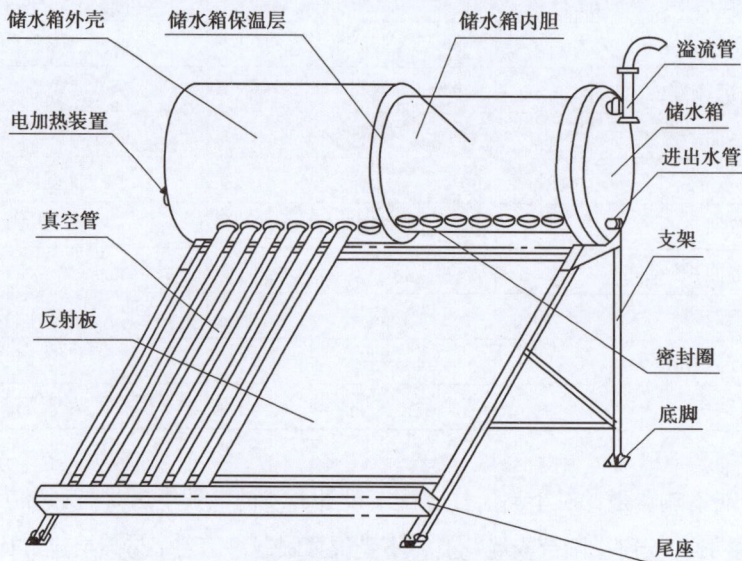

（a）太阳能热水器结构

（b）太阳能热水器储水箱剖视图

图 1-3　太阳能热水器

内胆和保温层是储水箱储存热水的重要部分，其材料强度和耐腐蚀性至关重要。内胆目前市场上有不锈钢、搪瓷等材质。保温层材料的质量直接关系着热效率和晚间清晨的使用，在寒冷的北方尤其重要，目前较好的保温材料是采用优质聚氨酯整体自动化发泡工艺制成的。太阳能热水器储水箱要求保温效果好，耐腐蚀，对水质无污染，使用寿命可达到20年以上。

储水箱还有一个值得关注的问题——水垢，用户在使用几年后，会发现储水箱内有一层厚厚的水垢。为了保证用户用水放心或避免热水管道堵塞，可以定期清理，一般 1 ~ 2 年清理一次即可。

3. 其他配件

（1）连接管路。连接管路将热水从集热器输送到储水箱，将冷水从储水箱输送到集热器，使整套系统形成一个闭合的环路。设计合理、连接正确的循环管路对太阳能热水器达到最佳工作状态至关重要。热水管路必须做保温处理，并且质量必须符合标准，保证有 20 年以上的使用寿命。

（2）支架。支架的作用是支撑储水箱、固定集热器，保证二者连为整体。支架设计应合理，还应有足够的强度和刚度。太阳能热水器支架要求结构牢固、抗风吹、耐老化、不生锈。支架的材质一般为彩钢板或铝合金，使用寿命要求达到 20 年。

（3）电加热装置。在储水箱内部还有一套电加热装置，这是为了确保在阴雨天气时和一些南方地区、光照条件有限的地区或山区也能够用上热水。太阳能在工作时，无论是否有阳光，电源都是一直接通的。光照条件好的时候，电加热是不会启动的，只有在天气欠佳的情况下，才使用电进行加热。

（4）其他辅助配置。其他辅助配置是用来提升太阳能热水器性能，简化操作，有助于实现太阳能热水器自动全天候运行。一般情况下厂家都是根据产品性能提供相应的辅助配置，以使辅助装置与产品相结合达到合理使用，既能发挥最大效能，又不会产生浪费。

太阳能利用存在的问题：

（1）分散性。到达地球表面的太阳辐射的总量尽管很大，但是能流密度很低。平均说来，北回归线附近，夏季在天气较为晴朗的情况下，正午时太阳辐射的辐照度最大，在垂直于太阳光方向 1 m^2 面积上接收到的太阳能平均有 1 000 W；若按全年日夜平均，则只有 200 W。而在冬季大致只有一半，阴天一般只有 1/5 左右，这样的能流密度是很低的。因此，在利用太阳能时，想要得到一定的转换功率，往往需要面积相当大的一套收集和转换设备，造价较高。

（2）不稳定性。由于受到昼夜、季节、地理纬度和海拔高度等自然条件的限制以及晴、阴、云、雨等随机因素的影响，到达某一地面的太阳辐照度既是间断的，又是极不稳定的，这给太阳能的大规模应用增加了难度。为了使太阳能成为连续、稳定的能源，从而最终成为能够与常规能源相竞争的替代能源，就必须很好地解决蓄能问题，即把晴朗白天的太阳辐射能尽量储存起来，以供夜间或阴雨天使用，但蓄能也是太阳能利用中较为薄弱的环节之一。

（3）效率低和成本高。太阳能利用的发展水平，有些方面在理论上是可行的，技术上也是成熟的。但有的太阳能利用装置，因为效率偏低，成本较高，现在的实验室利用效率也不超过30%，总的来说，经济性还不能与常规能源相竞争。在今后相当长一段时期内，太阳能利用的进一步发展，主要受到经济性的制约。

（4）太阳能板污染。现阶段，太阳能板是有一定寿命的，一般3～5年就需要换一次，而换下来的太阳能板则难以被大自然分解，从而造成相当大的污染。

『学习总结』

1. 制作简易太阳能收集装置。

2. 制作太阳能热水生成装置。

3. 观察家里或邻居家的太阳能热水器，说说它的组成。

『学习延伸』

1. 太阳能热水器的种类

（1）按结构分。

①普通式太阳能热水器。普通式太阳能热水器就是将真空玻璃管直接插入水箱中，利用加热水的循环，使得水箱中的水温升高，这是目前最常规的热水器。

②分体式太阳能热水器。分体式太阳能热水器是为了满足非顶层用户也能使用太阳能热水器的需要而诞生的。分体式的循环有两种，一种是靠水的自然循环，这种热水器一般热交换效率比较低；另一种是靠泵循环热交换，这也是为了解决自然循环效率低的问题。使用泵循环，可以明显改善水的热交换率。

（2）按水箱受压分。

①承压式太阳能热水器。承压式太阳能热水器必须使用承压式水箱来增加用水压力，解决水循环问题，使供水正常，用水更加方便。

②非承压式太阳能热水器。目前装在屋顶的普通式太阳能热水器都属于非承压式热水器，其水箱有一根管子与大气相通，是利用屋顶和家里的高度落差，使用水时产生压力。

太阳能反射塔如图1-4所示。

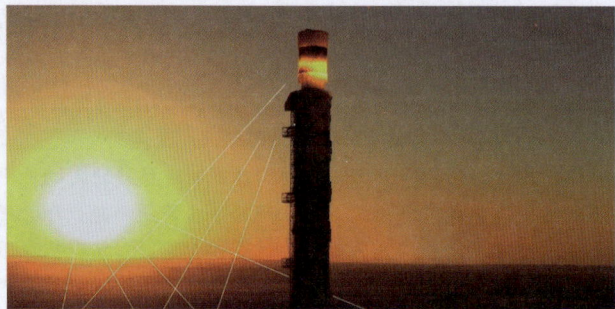

图1-4　太阳能反射塔

2. 太阳能热水器的缺点

我们现在提起热水器，大多数人想到的还是电热水器和燃气热水器，但实际上在 10 多年前，还有一种太阳能热水器（图 1-5），记得太阳能热水器刚推出时，可以说是风靡全国，它以环保、节能的特性深受大众喜爱，很多人都会在家里安装太阳能热水器，但是经过 10 多年的发展，我们会发现，使用太阳能热水器的用户越来越少了，尤其是城市用户，现在再看一些人装修新房，基本都不会选择太阳能热水器了，那么是什么原因导致的呢？为什么现在没有人再去安装太阳能热水器了呢？原因很简单，可惜很多人不清楚。

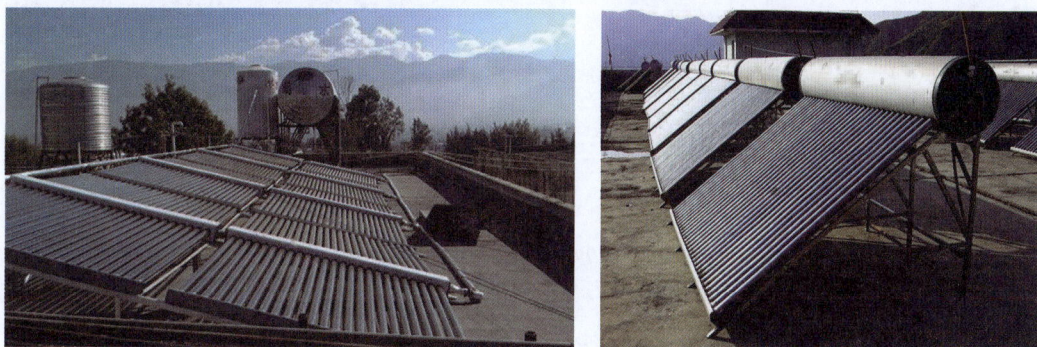

图 1-5　太阳能热水器

（1）浪费水。我们知道，太阳能热水器的安装一般是在屋顶，所以它的连接水管是非常长的，水管长就需要先放很长一段时间的冷水，才会有热水出来，尤其是离太阳能热水器距离远的低楼层用户。每次使用时都要浪费一些冷水，一天下来，使用次数多了，浪费得就更多了。

（2）冬天没热水。太阳能热水器的使用具有很大的限制性，相信使用过太阳能热水器的朋友都深有体会，这种热水器受季节和天气的影响非常大，一般来说夏天的热水是比较多的，而且会发烫。但到了冬天就苦不堪言了，尤其是阴雨天比较多的地区，基本上就没有什么热水，冬天使用起来还要插电烧水才行，加上它的保温性能很差，很多人就觉得太阳能热水器不实用。

（3）容易坏，维修费用比较高。太阳能热水器虽然很节能，但是它却很容易损坏，毕竟长期暴晒在户外，经过风吹雨打，容易损坏很正常。可是，损坏之后的维修费用非常高，看上去它是省电省钱的，但实际上一次维修花费的钱够交很长时间的电费、燃气费了。

平板太阳能热水器由太阳能集热板、集热水箱、控制器、外壳等几部分组成（图 1-6）平板太阳能热水器按吸热板的结构不同，可分为管板式、翼管式、蛇管式、扁盒式、圆管式和热管式。

吸热板也称吸热芯板，是吸收太阳辐射能并向水传递热量的部件。

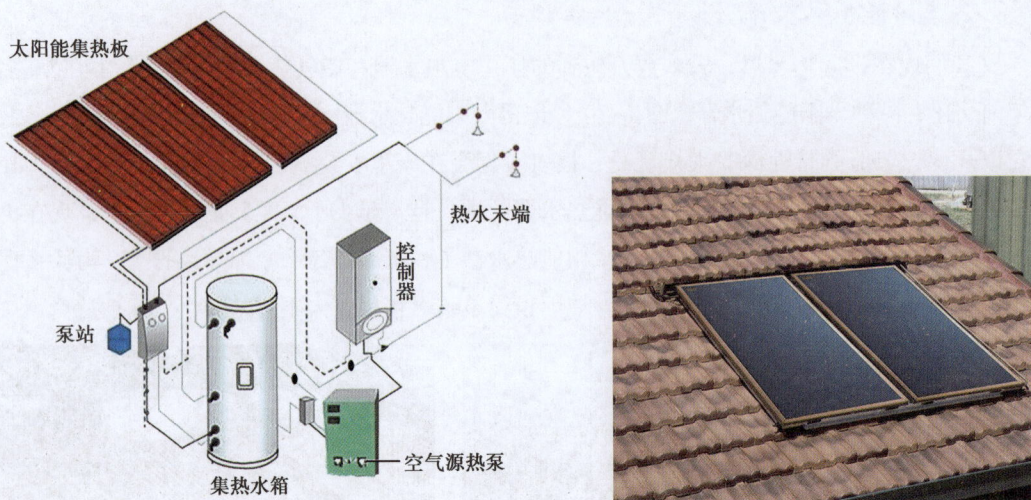

太阳能集热板

热水末端

控制器

泵站

集热水箱

空气源热泵

图 1-6 平板太阳能热水器

吸热板要有一定的承压能力，与水的相容性好，热工性能优良，加工工艺简单，成本合理。常用材料是铜、铝合金、不锈钢、镀锌板，沿海水质较差的地方也有用塑料或玻璃钢等材料。为增加吸热板的热性能，往往在金属表面喷刷涂层。涂层分选择性涂层和非选择性涂层两种。平板集热器根据涂层种类分为两类，即俗称的黑膜和蓝膜（黑铬、阳极氧化）。

吸热体是平板太阳能热水器的核心部件，其先完成光热转换，再将热能传给待加热的水。吸热体主要由金属材料制成，初期为钢管板绑扎结构，后来出现了焊接式、铝翼式、铜铝复合式等结构，各有千秋。有的结合热导差、有的能耗太高、有的耗材太多、有的工艺复杂，但共同点是传热比玻璃高几十倍至几百倍，如铜的导热系数在 320 左右，铝在 160 左右，铜在 40 左右，而玻璃只有 0.64。而耐压能力可达 10 kg/cm^2，玻璃连 0.5 kg/cm^2 压力也承受不了。故金属吸热体可进行自然循环、强制循环和直流式工作。因流速与传热系数成正比，所以金属吸热体传热效率也高得多。吸热体的管板结合新工艺，只需 1 台冲床，2 套模具即可批量生产，可谓设备少，投资省；只有冲、穿、压 3 道工序即可完成，可谓简单、易行；不需要焊接或其他辅助材料，可谓省工节能；以薄壁紫铜管为排管、薄铝板为翅片，可谓配伍科学，耐腐蚀、传热好、材料省。

1.2 光电银行

『学习情境』

光伏发电的主要原理是半导体的光电效应。光子照射到金属上时，它的能量可以被金属中某个电子全部吸收，电子吸收的能量足够大，能克服金属内部引力做功，离开金属表面逃逸出来，成为光电子。硅原子有 4 个外层电子，如果在纯硅中掺入有 5 个外层电子的原子如磷原子，就成为 N 型半导体；若在纯硅中掺入有 3 个外层电子的原子如硼原子，就成为 P 型半导体。当 P 型和 N 型结合在一起时，接触面就会形成电势差，成为太阳能电池。当太阳光照射到 PN 结后，电流便从 P 型一边流向 N 型一边，形成电流。

光电效应就是光照使不均匀半导体或半导体与金属结合的不同部位之间产生电位差的现象。它首先是由光子（光波）转化为电子、光能量转化为电能量的过程，其次是形成电压过程。

多晶硅经过铸锭、破锭、切片等程序后，制作成待加工的硅片。在硅片上掺杂和扩散微量的硼、磷等，就形成 PN 结。然后采用丝网印刷，将精配好的银浆印在硅片上做成栅线，经过烧结，同时制成背电极，并在有栅线的面涂一层防反射涂层，电池片就至此制成。电池片排列组合成电池组件，就组成了大的电路板。一般在组件四周包铝框，正面覆盖玻璃，反面安装电极。有了电池组件和其他辅助设备，就可以组成发电系统。为了将直流电转化为交流电，需要安装电流转换器。发电后可用蓄电池存储，也可输入公共电网。发电系统成本中，电池组件约占 50%，电流转换器、安装费、其他辅助部件以及其他费用占另外的 50%。

光伏发电是利用半导体界面的光生伏特效应而将光能直接转变为电能的一种技术，主要由太阳电池板（组件）、控制器和逆变器 3 个部分组成，主要部件由电子元器件构成。太阳能电池经过串联后进行封装保护可形成大面积的太阳电池组件，再配合功率控制器等部件就形成了光伏发电装置。光伏发电系统如图 1-7 所示。

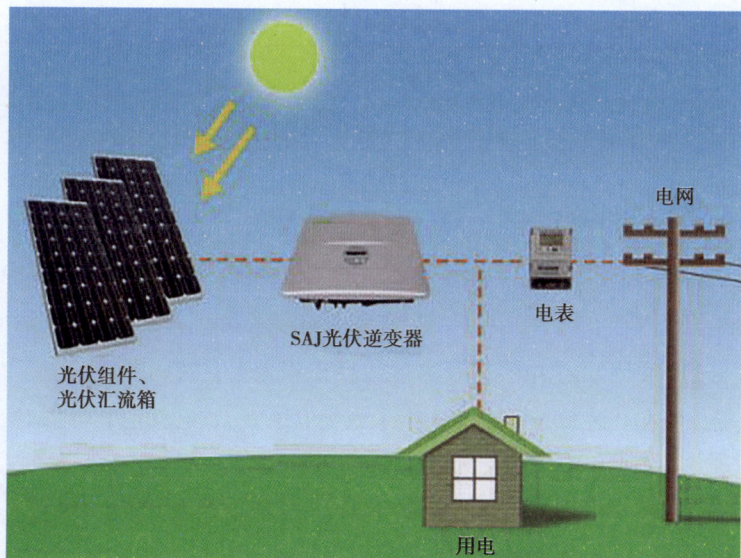

图 1-7 光伏发电系统

李华是初中二年级的一名学生，他利用假期的时间去看望住在乡下的外婆。但他发现，乡下的照明条件有限，晚上走夜路视线不好，他提出要在经常行走的路段装上路灯，但外婆说，这样浪费电。李华想：我何不帮外婆设计一个利用太阳能发电的路灯，一是可以解决照明问题，二是可以节省电费。

『学习目标』

1. 学习光生伏特的原理。

2. 学习光伏发电的传输和利用相关知识。

3. 学习太阳能发电在生活中的应用。

『学习导航』

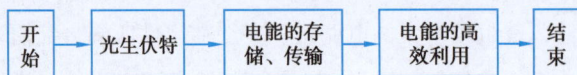

『学习探究』

1. 光生伏特效应

利用半导体 PN 结光生伏特效应制成的器件称为光生伏特器件，也称结型光电器件（图1-8）。光生伏特效应是基于两种材料相接触形成内建势垒，光子激发的光生载流子被内建电场扫向势垒的两边，从而形成了光生电动势。

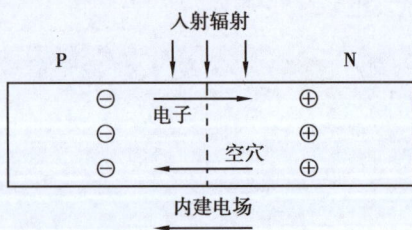

图1-8　光生伏特器件（PN 结）内部

当光照射 PN 结，只要入射光子能量大于材料禁带宽度，就会在结区激发电子–空穴对。这些非平衡载流子在内建电场的作用下，空穴顺着电场运动，电子逆着电场运动，在开路状态，最后在 N 区边界积累光生电子，在 P 区边界积累光生空穴，产生一个与内建电场方向相反的光生电场，即在 P 区和 N 区之间产生了光生电压 U_{OC}，这就是 PN 结的光生伏特效应。只要光照不停止，这个光生电压将永远存在。

光生伏特效应是少数载流子导电的光电效应，而光电导效应是多数载流子导电的光电效应。光伏电池组件即太阳能电池板、光伏组件，是光伏发电系统的核心部分，其作用是太阳能转化为电能。

太阳能发电是利用电池组件将太阳能直接转变为电能的装置。太阳能电池组件（solarcells）是利用半导体材料的电子学特性实现 P–V 转换的固体装置，在广大的无电力网地区，该装置可以方便地实现为用户照明及生活供电，一些发达国家还可与区域电网并网实现互补。目前从民用的角度，在国外技术研究趋于成熟且初具产业化的是"光伏 – 建筑（照明）一体化"技术，而国内主要研究生产适用于无电地区家庭照明用的小型太阳能发电系统。单体太阳能电池输出电压很低不能直接作为电源使用，要用太阳能电池板作为发电系统使用必须将若干个单体电池串联、并联连接和严密封装成组件。光伏组件具有良好的导电性、密封性；光电转换效率高，可靠性强；先进的扩散技术，保证片内转换效率的均匀性等特点。电池芯片与光伏组件实物图如图 1–9 所示。

图 1-9　电池芯片（左）与光伏组件（右）

　　太阳能电池组件的内部结构由光伏玻璃、光伏胶膜、电池片、光伏背板等组成，如图 1–10 所示。由于单个硅太阳能电池的输出电压为 0.4 ～ 0.7 V，所以光伏电池板一般被串联或并联在一起，可以得到所需的电压值和电流值。例如，单个硅太阳能电池的输出电压为 0.5 V，24 个电池串联在一起就可形成一个额定电压为 12 V 的系统。

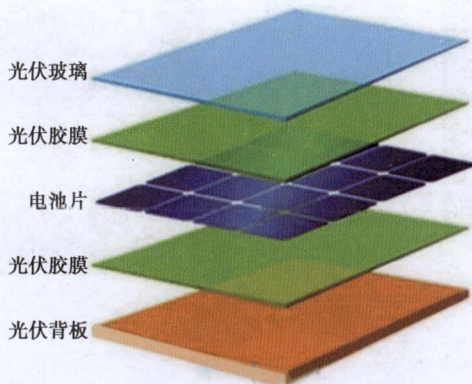

光伏玻璃

光伏胶膜

电池片

光伏胶膜

光伏背板

图 1-10　太阳能电池组件的内部结构图

　　太阳能电池按其材料可以分为硅半导体、化合物半导体、有机半导体几大类，具体分类如图 1–11 所示。问世最早的光伏电池组件是单晶硅光伏电池，目前，市面上应用的有单晶硅光伏电池、多晶硅光伏电池、非晶硅光伏电池。各国对多元化合物太阳能光伏电池的研究种类繁多，但大多数尚未工业化生产，或许将是未来的新一代产品。

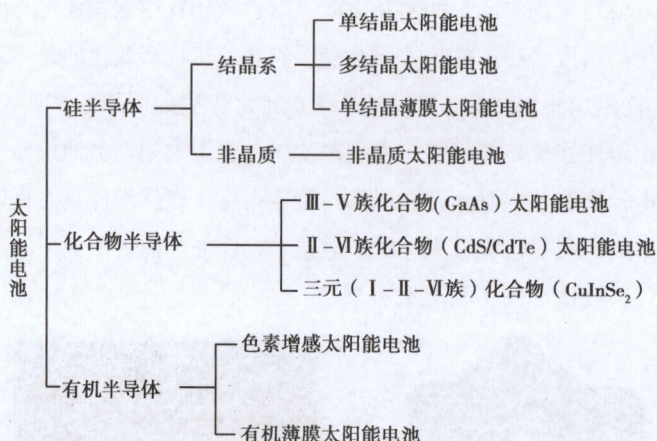

图 1-11　太阳能电池的分类

2. 电能的存储和传输

（1）铅酸蓄电池。铅酸蓄电池如图 1-12 所示，是蓄电池的一种，主要特点是采用稀硫酸做电解液，用 PbO_2 和海绵 Pb 分别作为电池的正极和负极。铅酸蓄电池自发明后，在化学电源中占有绝对优势。这是因为其价格低廉、原材料易于获得，使用上有充分的可靠性，适用于大电流放电及广泛的环境温度范围。

图 1-12　铅酸蓄电池

（2）铅酸蓄电池的工作原理。

①铅酸蓄电池电动势的产生。铅酸蓄电池充电后，正极板二氧化铅（PbO_2）在硫酸溶液中水分子的作用下，少量二氧化铅与水生成可离解的不稳定物质——氢氧化铅 $[(Pb(OH)_4)]$，氢氧根离子在溶液中，铅离子（Pb^{4+}）留在正极板上，故正极板上缺少电子。铅酸蓄电池充电后，负极板是铅（Pb），与电解液中的硫酸（H_2SO_4）发生反应，变成铅离子（Pb^{2+}），铅离子转移到电解液中，负极板上留下多余的两个电子（2e）。可见，在未接通外电路时（电池开路），由于化学作用，正极板上缺少电子，负极板上多余电子，两极板间就产生了一定的电位差，这就是铅酸蓄电池的电动势。

②铅酸蓄电池放电过程的电化反应。铅酸蓄电池放电时，在蓄电池的电位差作用下，负极板上的电子经负载进入正极板形成电流 I，同时在电池内部进行化学反应。

负极板上每个铅原子放出两个电子后，生成的铅离子（Pb^{2+}）与电解液中的硫酸根离子（SO_4^{2-}）反应，在极板上生成难溶的硫酸铅（$PbSO_4$）。正极板的铅离子（Pb^{4+}）得到来自负极的两个电子（$2e$）后，变成二价铅离子（Pb^{2+}），与电解液中的硫酸根离子（SO_4^{2-}）反应，在极板上生成难溶的硫酸铅（$PbSO_4$）。正极板水解出的氧离子（O^{2-}）与电解液中的氢离子（H^+）反应，生成稳定物质——水。

电解液中存在的硫酸根离子和氢离子在电力场的作用下分别移向电池的正负极，在电池内部形成电流，整个回路形成，蓄电池向外持续放电。放电时 H_2SO_4 浓度不断下降，正负极上的硫酸铅（$PbSO_4$）增加，电池内阻增大（硫酸铅不导电），电解液浓度下降，电池电动势降低。

③分类。铅酸电池按维护类别分类见表 1-2。

表 1-2　铅酸电池按维护类别分类

类别	说明
普通维护式	需要定期补水进行维护，是早期的汽车电池，也是开口式工业电池
少维护式	采用低锑合金，维护周期明显延长，典型代表为 OPzS
免维护式	即阀控式密封蓄电池，包括 AGM 和 Gel

铅酸电池按电池盖和排气栓结构分类见表 1-3。

表 1-3　铅酸电池按电池盖和排气栓结构分类

类别	说明
开口式	上盖有开口，充电产生的气体可从开口处自由逸出，需定期补水维护
排气式	电池的壳体和盖固定在一起，盖上的注酸口装有排气栓，有冷凝回流作用
防酸隔爆式	池盖上排气栓有防酸阻火功能，允许电池排气，使酸雾回流，遇到外界火源时电池不燃烧不爆炸
防酸消氢式	装有催化栓，可使电池析出的氢氧重新化合为水返回电池，同时具有防酸隔爆性能
阀控密封式	蓄电池全密闭，无须加水，装有安全阀，电池内压力过大时可排气体，外界气体不能进入电池内部

（3）逆变器。逆变器是将直流电转换成交流电的设备。逆变与整流相对应，由于太阳能电池和蓄电池是直流电源，当负载是交流负载时，逆变器是必不可少的。逆变器按运行方式可分为独立运行逆变器和并网逆变器。

将直流电（DC）变成交流电（AC），它由逆变桥、控制逻辑和滤波电路组成。逆变电路的框图如图 1-13 所示。

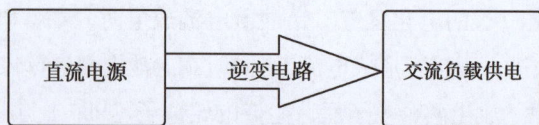

图 1-13　逆变电路的框图

在逆变器出现以前，DC/AC 变换是通过直流电动机 – 交流发电机来实现的，称为旋转变流器。随着电力电子技术的高速发展，大功率开关器件和集成控制电路的研发成功，利用半导体技术就可以完成 DC/AC 变换，这种变换装置称为静止变流器。通常所说的逆变器均指静止变流器。

独立运行逆变器用于独立运行的太阳能电池发电系统，为独立负载供电。并网逆变器用于并网运行的太阳能电池发电系统。

逆变器按输出波型可分为方波逆变器和正弦波逆变器。方波逆变器电路简单，造价低，但谐波分量大，一般用于几百瓦以下和对谐波要求不高的系统。正弦波逆变器成本高，但可以适用于各种负载。

3. 电能的高效利用

国家电网对分布式光伏发电应用采取鼓励和合作的态度，允许光伏电站业主采用自发自用，自发自用、余电上网和完全上网卖电等三种结算模式，如图 1-14 所示。各地方电力公司在实际操作过程中，会遇到一些阻碍，这些问题主要是因为光伏电站业主对变电、配电系统的认识不足。下面将针对以上三种并网模式在操作过程中遇到的一些实际问题，就具体并网方案做一些阐述。

图 1-14　并网模式

（1）自发自用模式。自发自用模式一般应用于用户侧用电负荷较大且用电负荷持续、一年中很少有停产或半停产发生的情况，或者是就算放假期间，用户的用电维持负荷大小也足以消纳光伏电站发出的绝大部分电力。这类模式由于低压侧并网，如果用户用电无法消纳，会通过变压器反送到上一级电网，但配电变压器设计是不允许用于反送电能的（可以短时倒送电，比如调试时，但长期反送是不允许）。其最初潮流方向设计是固定的，因此需要安装防逆流装置来避免电力的反送。针对一些用户无法确保自身用电能够持续消纳光伏电力，或者生产无法保证持续性的项目，建议不要采用此种并网模式。单体 500 kW以下且用户侧有配电变压器的光伏电站，建议采用这种模式，因为其升压所需增加的投资占投资比例较大。

（2）自发自用、余电上网模式。对于大多数看好分布式发电的用户来说，选择自发自用、余电上网是最理想的模式，这样既可以拿到自发自用较高电价，又可以在用不掉的情况下卖电给电网。但是在实际操作过程中这种模式存在的阻力颇多，原因是光伏从业者和地方电网公司人员信息的不对称、互相缺乏对对方专业知识的了解，这也是为什么该模式成为光伏电价政策和国网新政中最让人难以理解的部分。光伏发电在自发自用、余电上网模式时，用户（或者称为"投资商"）希望所发电量尽可能在企业内部消耗掉，实在用不掉的情况下，可以送入电网，不浪费掉这部分光伏电量。但电力公司最希望的是用户简单选择，要么自发自用，要么升压上网，因为自发自用、余电上网对地方电力公司来说，要增加一些工作量：区域配网容量计算（允许反向送电负荷）、增加管理的电源点（纯自发自用可以降低标准来管理）、正反转电表改造后的用户用电计量烦琐（需要通过电表 1 和电表 2 的数值换算得出用户实际用电负荷曲线和用电量）、增加抄表工作量等。

（3）完全上网卖电模式。在光伏发电大发展的近十年中，直接上网卖电一直是光伏应用的主流，因为其财务模型简单，并且相对可靠。

你知道吗?

　　光伏发电系统由太阳能电池方阵、蓄电池组、充放电控制器、逆变器、交流配电柜和太阳跟踪控制系统等组成，其中，充放电控制器和太阳跟踪控制系统在光伏发电系统中起着非常重要的作用。

　　充放电控制器：能自动防止蓄电池过充电和过放电。由于蓄电池的循环充放电次数及放电深度是决定蓄电池使用寿命的重要因素，因此能控制蓄电池组过充电或过放电的充放电控制器是必不可少的设备。

　　太阳跟踪控制系统：由于相对某一个固定地点的太阳能光伏发电系统，每天日升日落，太阳的光照角度时时刻刻都在变化，只要太阳能电池板能够时刻正对太阳，发电效率就会达到最佳状态。

『学习总结』

1.购买简易太阳能照明灯，并完成安装和调试。

2.蓄电池在整个光伏发电系统中的作用是什么？

3.查询相关资料，说说光伏发电给我们的生活带来了哪些便利。

『学习延伸』

新能源及可再生能源的使用在快速增长，其中太阳能光伏发电的增长更加明显。

1. 光伏发电的优点

①太阳能资源分布广泛、储量巨大，使得太阳能发电系统受到地域、海拔等因素的影响较小，且取之不尽，用之不竭。

②光伏发电系统可以实现就近发电及供电，减少了长距离输电时线路造成的损失。

③光伏发电是直接从光子到电子的能量转换，不存在机械磨损。

④光伏发电不排放任何废气，不产生噪声，对环境友好。

⑤光伏发电系统可安装在荒漠戈壁，充分利用荒废的土地资源，同时也可与建筑物相结合，节省宝贵的土地资源。

⑥光伏发电系统操作、维护简单，运行稳定可靠，基本可实现无人值守，维护成本低。

⑦光伏发电系统使用寿命长，晶体硅太阳能电池寿命可达 20 ~ 35 年。

⑧太阳能发电系统建设周期短，而且根据用电负荷，容量可大可小，方便灵活，极易组合、扩容。

2. 光伏发电的缺点

①太阳能的能量密度低，最高辐射强度约为 $1\ 000\ W/m^2$，且太阳能电池板的光电转换效率仅为 20% 左右，因此大规模发电需要很大的面积。

②受气候因素影响大，如长期的雨雪天、阴天、雾天甚至云层的变化，都会严重影响系统的发电状态。另外，环境因素的影响也很大，比如空气中的颗粒物（如灰尘）等降落在太阳能电池组件表面，阻挡部分光线的照射，这会使电池组件的转换效率降低，从而造成发电量的减少。

③系统成本高，由于太阳能光伏发电效率低，到目前为止，其成本仍然是其他常规发电方式（如火力和水力发电）的几倍，这是制约其广泛应用的最主要因素。

④晶体硅电池的制造过程耗能高，且会对环境造成污染。

特斯拉光伏发电超级充电站

特斯拉曾在其宣传活动中为人们描绘了这样一幅场景：特斯拉车主们可在任意超级充电站享受免费的充电服务，而 Model S 补充 80% 的电能花时不到 40 分钟，这些电能都来自安装在超级充电站顶棚或者周边建筑屋顶的光伏发电组件。

特斯拉的超级充电站电能居然源于光能？那问题来了，光伏发电组件能提供足够的电能来维持充电站的正常运作吗？

目前，超级充电站采用 CIGS（铜铟镓硒）薄膜太阳能光伏技术，其组件发电每平方米 155 Wp，特斯拉超级充电站一般包括 150 m^2 光伏组件，约 10 个乘用车停车位的面积，最大发电 23 kW。以上海为例，光伏发电年均可利用日照峰值时间 984 h，那么，超级充电站年发电量 22 632 kW·h 时，折合日均发电量 62 kW·h 时。光伏组件光电转换效率还存在一定的衰减性（25 年衰减不超过 20%），25 年运营期内日均发电量降为 56 kW·h，而这点电量仅能支持一辆 Model S 行驶不到 300 km。

通过专业人士分析之后，我们也就不难发现，特斯拉超级充电站仅靠光伏充电就能满足充电需要显然不现实。但实际上特斯拉所谓的"光伏发电组件"应该是"分布式并网光伏发电"，有人认为分布式并网光伏发电可以这样来解释：

①分布式强调的是小型电站，区别于集中式电站。

②并网指的是并联在国家电网上，区别于使用蓄电池的光伏系统。

③光伏发电指的是利用太阳的光伏进行发电，区别于电热和其他环保能源。

因为有"并网"的存在，所以"光伏充电"才能有效地解决电量不足的弊端，而现阶段想仅靠"光伏充电"来维持电动汽车充电站的运行是不可能的。但是，光伏充电会不会得到普及？这个问题我们也不急于回答，一则上海市发展和发改委的通知与建设规划中，我们可以看到政府对光伏发电不仅是给予了极大力度的支持，还做出了"分布式光伏发电新增建设规模 200 MW"的落实计划并下达至各区县。"尽可能简化程序，鼓励优先备案采用新技术、新产品的光伏发电项目"这也为各个区县电动汽车充电站项目的实施提供了有利的条件。

根据目前的一个现状来看，光伏充电确实只能在电动汽车充电中担任一个配角，但这个配角的重要意义就在于它与电动汽车的理念是一致的，它们都是提倡环保、节能的产物。而至于光伏充电能否成为电动汽车充电的新可能，想必大家也有了自己的看法。

1.3　光氢银行

『学习情境』

氢能（图 1-15）具有高效、清洁、无污染、易于产生、便于运输和可再生等特点，是非常理想的能源载体。因此，氢能将会成为未来化石能源的主要替代能源之一，利用可再生能源制取氢气是未来能源发展的必然趋势。从水中获得的氢作为能源使用后又回到了水的形态，完全可持续开发和利用。水在化学热力学上是一种十分稳定的化合物很难分解。但是水作为一种电解质又是不稳定的，其电解电压仅为 1.23 V。

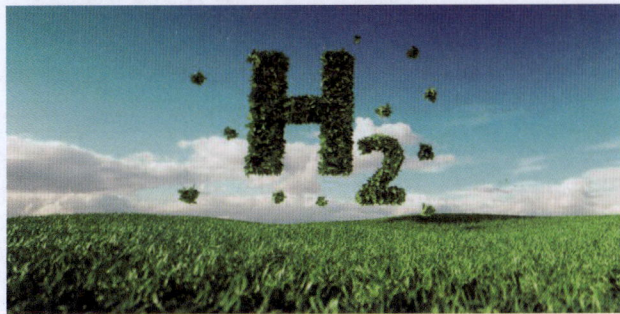

图 1-15　氢能

太阳能光解水制氢采用半导体光敏催化剂，由于缺乏可见光敏和宽谱线光敏催化剂，光 – 氢转换效率还比较低。近几年太阳能光解水制氢技术的迅猛发展和巨大突破，有可能在未来二三十年内逐步走向实用化，使太阳能光解水制氢产业化成为现实。

太阳能光解水制氢的主要途径有光电化学法、均相光助络合法和半导体光催化法。其中，以半导体光催化法最经济、最清洁。

现在你需要去某学校作一场关于氢气的讲座，你能查询相关资料，给大家讲明白吗？

『学习目标』

1. 学习太阳能制氢的原理。
2. 学习准备哪些材料才能制作简易的氢气收集装置。
3. 学习制氢技术给我们生活带来的便利。

『学习导航』

『学习探究』

1. 氢气的制备

（1）煤炭制氢。煤炭制氢是以煤炭为还原剂，水蒸气为氧化剂，在高温下将炭转化为以 CO 和 H_2 为主的合成气。经过煤气净化、CO 转化以及 H_2 提纯等生产环节生产 H_2。

化学反应过程：

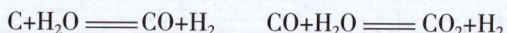

$$C+H_2O == CO+H_2 \qquad CO+H_2O == CO_2+H_2$$

煤炭制氢技术已相当成熟，已经被商品化，但是此法比较复杂，制氢成本高，制备过程中产生的 CO_2 会造成温室效应。全球氢气消费量超过 99% 是通过化石燃料制取的。煤炭制氢工艺流程如图 1–16 所示。

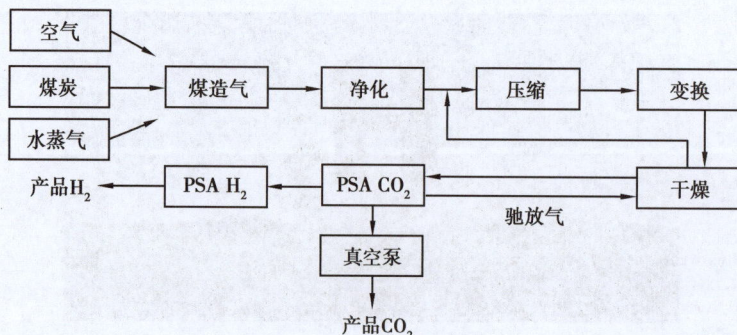

图 1-16 煤炭制氢工艺流程

资料来源：李庆勋等《大规模工业制氢工艺技术及其经济性比较》，光大证券研究所。

（2）天然气制氢。天然气制氢包括甲烷水蒸气重整、部分氧化、自热重整三步。水蒸气重整是甲烷和水蒸气吸热转化为 H_2 和 CO。

$CH_4+H_2O \rightleftharpoons CO+3H_2$ 反应所需热量由甲烷燃烧产生的热量来供应。发生这个过程所需温度为 700～800 ℃，产物为 CO 和 H_2，CO 再通过水汽转移反应进一步转化为 CO_2 和 H_2。天然气部分氧化制氢过程就是通过甲烷和氧气的部分燃烧释放出 CO 和 H_2。$2CH_4+O_2 \rightleftharpoons 2CO+4H_2$ 这个过程称为放热反应，不需要额外的供热源。自热重整是结合水蒸气重整过程和部分氧化过程，总的反应是放热反应。自热重整过程产生的氢气需要经过净化处理，这大大增加了制氢的成本。天然气 SMR 工艺流程如图 1-17 所示。

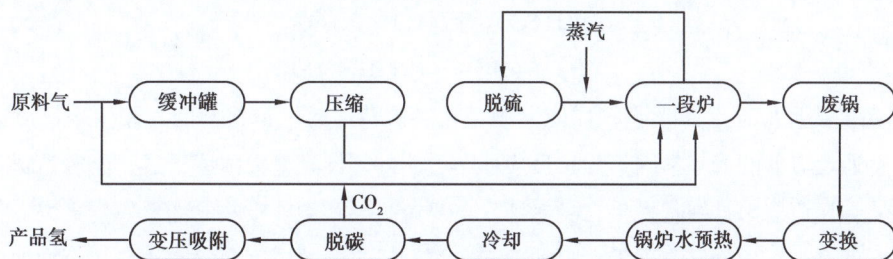

图 1-17　天然气 SMR 工艺流程

资料来源：氢云链，华金证券研究所。

（3）电解水制氢。电解水时，由于纯水的电离度小，导电能力低，所以需要加入电解质，以增加溶液的导电能力，使水能够顺利地电解成为氢气和氧气，其示意图如图 1-18 所示。

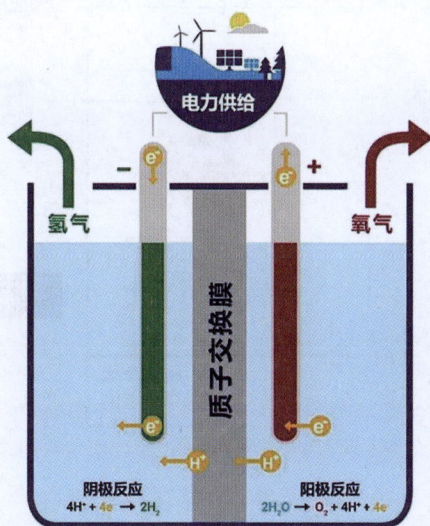

图 1-18　电解水制氢示意图

在电解质水溶液中通入直流电时，分解出的物质与原来的电解质完全没有关系，被分解的物质是水，而电解质仍然留在水中。以氢氧化钾为例：

$$阴极　2H_2O+2e \rightleftharpoons H_2+2OH$$

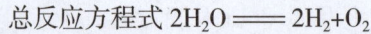

$$阳极\ 4OH-2e === O_2+2H_2O$$

$$总反应方程式\ 2H_2O === 2H_2+O_2$$

（4）生物质制氢。

①光合生物制氢。光合细菌产氢过程可以通过两种途径实现：通过绿藻和蓝细菌的生物光合作用、光合细菌的光发酵。绿藻和蓝细菌的直接光合作用产氢过程是利用太阳能直接将水分解成氢气和氧气。化学反应方程式为：

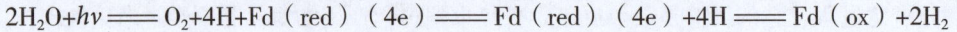

$$2H_2O+h\nu === O_2+4H+Fd（red）（4e）=== Fd（red）（4e）+4H === Fd（ox）+2H_2$$

或

$$6H_2O+6CO_2 === C_6H_{12}O_6+6O_2$$

$$C_6H_{12}O_6+6H_2O === 12H_2+6CO_2$$

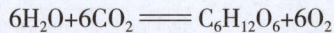

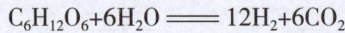

②光生物反应器。在光生物反应器中，光能被转化成生物化学能。光生物反应器区别于其他普通反应器的最基本因素为：反应器是透明的，使光最大限度透过；能源是瞬时的，不能存储在反应器中；细胞发生自身遮蔽。自身遮蔽导致额外吸收的能量发生损失，荧光和热会使温度升高，生物反应器需要附加冷却系统。反应器的厚度通常较小，从而增加反应器面积与体积比，避免细胞自身遮蔽的影响。生物质制氢示意图如图 1-19 所示。

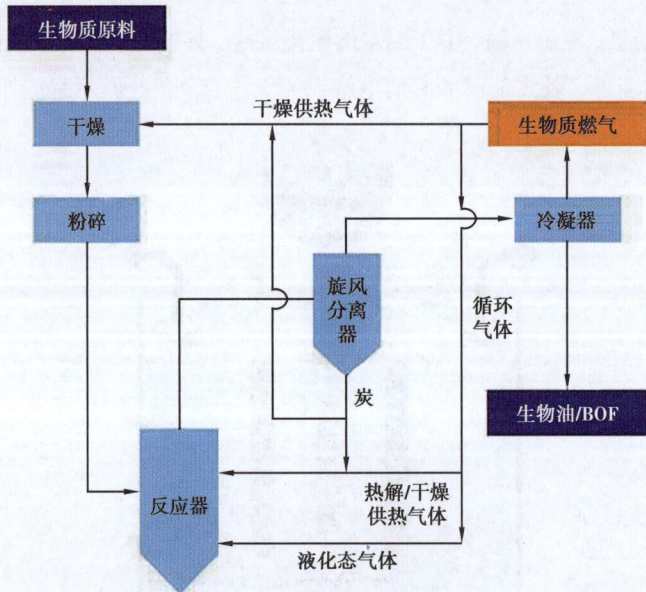

图 1-19　生物质制氢示意图

（5）半导体光催化制氢。半导体光催化制氢是一种利用半导体材料在光照条件下催化分解水分子产生氢气的技术。

半导体光催化制氢的基本原理：半导体光催化制氢依赖于光催化剂，在光照条件下激发产生电子－空穴对，这些载流子参与氧化还原反应，将水分子分解为氢气和氧气。这一过程不添加任何化学物质，因此被认为是绿色的分解水制氢方式。为了实现有效的光催化全分解水过程，半导体的电子能带结构必须满足一定的条件，包括导带底高于水的还原电势，价带顶低于水的氧化电势，半导体光催化制氢原理如图 1-20 所示。

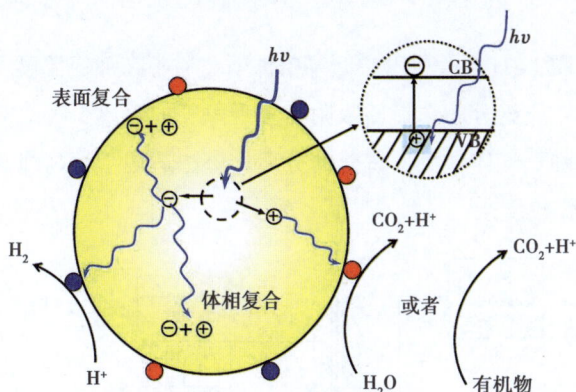

图 1-20　半导体光催化制氢原理

　　光催化材料可以分为无机化合物半导体催化材料、聚合物半导体催化材料、单质半导体催化材料三类。这些材料的氧化还原能力取决于其价带与导带的相对位置。

　　半导体光催化制氢可以概括为以下几个步骤：

　　①光吸收：半导体材料具有特定的能带结构，当光子的能量大于或等于半导体的禁带宽度时，光子被半导体吸收，激发出电子 – 空穴对。

　　②电荷分离与迁移：在半导体内部，光生电子和光生空穴会由于内建电场或扩散作用而发生分离，并迁移到半导体表面。

　　③表面催化反应：在半导体表面，光生电子和光生空穴与水分子发生氧化还原反应。具体来说，光生电子还原水分子中的氢离子（H^+），生成氢气（H_2）；而光生空穴则氧化水分子中的氧原子（O），生成氧气（O_2）。

　　④氢气收集：生成的氢气可以通过收集装置进行收集、储存和利用。

　　半导体光催化制氢技术具有许多优点，如原料丰富、清洁无污染、可持续性强等。然而，目前该技术还存在一些挑战，如光谱响应范围窄、量子效率低等问题。为了克服这些挑战，研究人员正在探索新型的光催化剂、优化反应条件、提高光催化效率等方面的研究。

　　氢能具有高效、清洁无污染、易于产生、便于运输和可再生等特点，是非常理想的能源载体。因此，氢能将会成为未来化石能源的主要替代能源之一，利用可再生能源制取氢气是未来能源发展的必然趋势。

　　利用太阳能直接从水中获得的氢气又可作为能源燃料，燃烧产物是水，它以最清洁环保的形态回到自然生态循环中，这是一种完全的可持续开发的能源利用的途径。

2. 氢气的分离与提纯

氢气制备出来以后，不能直接使用，里面含有多种杂质，需要对制备的氢气进行分离。氢气的分离方法有多种，以下是一些常见的方法。

（1）吸附法。

①低温吸附法（图1-21）：利用在低温条件下（通常在液氮温度下），吸附剂对氢气源中一些低沸点气体杂质组分的选择性吸附，实现氢气的分离。吸附剂如活性炭、分子筛等可以实现氢气与低沸点气体如氮、氧等的分离。该法适用于超高纯氢的制备，但设备投资大，能耗较高，操作较复杂。

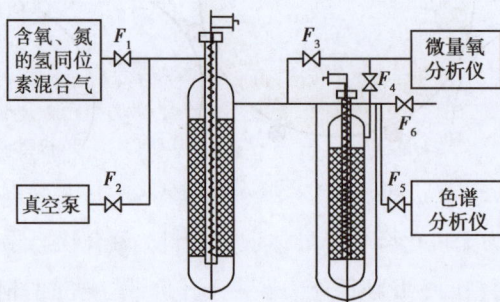

图1-21　低温吸附法

②变压吸附法（PSA）：利用在恒温下，吸附剂的吸附容量随其分压的增大而增多，当减压或抽空时则解吸，吸附剂再生。选用难以吸附氢的吸附剂在常温下吸附氢源中的杂质，以实现氢与杂质的分离，图1-22为变压吸附法示意图。

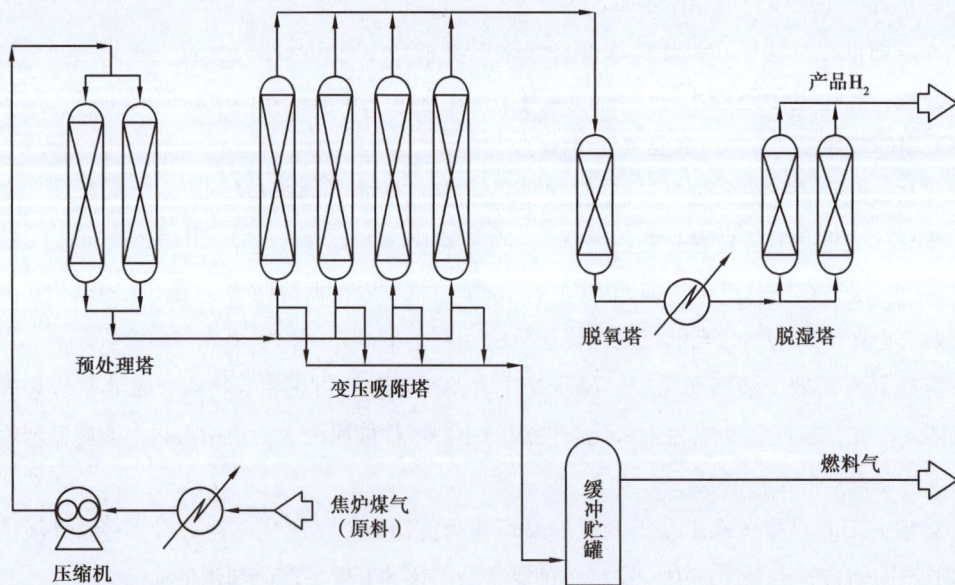

图1-22　变压吸附法示意图

③压力摆动吸附法（PSA）：一种利用压力变化来实现气体分离的方法。在 PSA 过程中，氢气被吸附在固体吸附剂上，而其他气体则通过吸附剂。

④离子交换法：利用离子交换树脂来吸附氢气中的杂质气体。

（2）膜分离法。膜分离法是利用半透膜来分离氢气和杂质气体的方法，其示意图如图 1-23 所示，这种方法可以实现氢气的连续生产，且膜材料可以回收。然而，膜分离法的效率易受到膜材料性能的影响，可能需要定期更换。

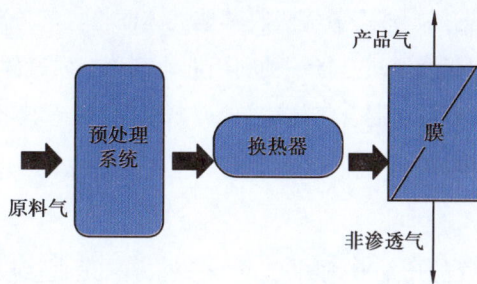

图 1-23　膜分离法示意图

（3）低温冷凝法。低温冷凝法是指利用不同气体的沸点差异，在低温条件下将杂质气体冷凝成液体并去除的方法。通过降低温度和压力，氢气中的水蒸气、氧气等杂质气体可以冷凝成液体，从而实现氢气的提纯。低温冷凝法具有提纯效果好、操作简单等优点，但能耗较高，且对设备材料的要求也较高。

（4）化学吸收法。化学吸收法是指利用化学反应将氢气中的杂质气体吸收并去除的方法，其工作原理如图 1-24 所示。常用的吸收剂有氢氧化钠、氢氧化钾等。通过吸收剂与杂质气体的化学反应，可以将杂质气体从氢气中去除。

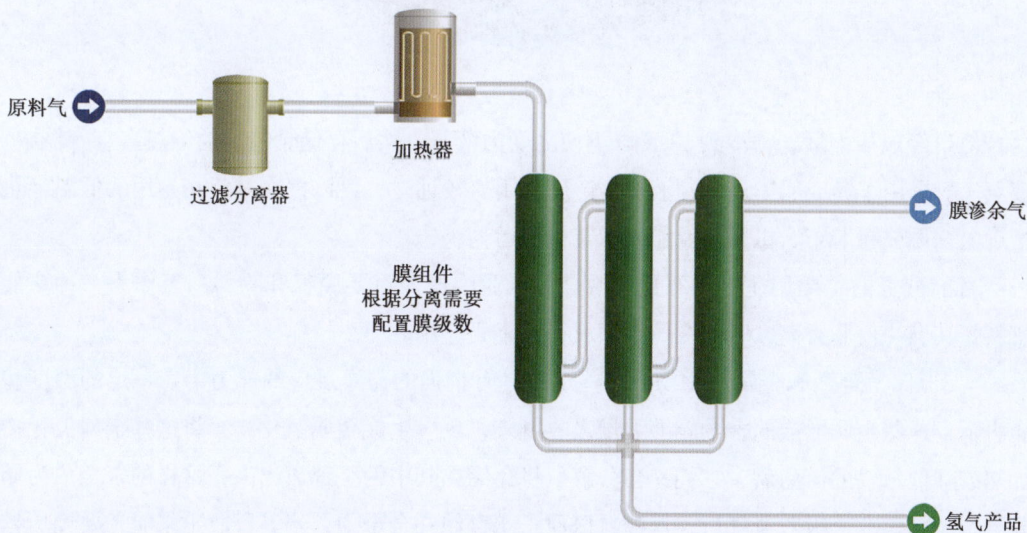

图 1-24　化学吸收法工作原理

（5）催化转化法。催化转化法是指利用催化剂将氢气中的杂质气体转化为其他易于分离的物质，从而实现提纯的方法。例如，通过催化剂将氢气中的一氧化碳转化为二氧化碳，再通过其他方法将二氧化碳去除。

（6）气体分离法。气体分离法是指利用氢气与其他气体的物理性质不同，通过气体分离设备如分子筛、膜分离等技术，根据气体的大小、形状和极性等特性进行分离的方法。

（7）液体吸收法。液体吸收法是指利用氢气在特定条件下溶解度与其他气体不同的特点，通过液体吸收剂如液态氮、液态氧等吸收其他气体而将氢气分离出来的方法。

（8）催化燃烧法。催化燃烧法是指一种利用催化剂将杂质气体转化为无害物质的方法。

需要注意的是，对于不同的混合气体成分，需要综合考虑其经济性、技术可行性和环保性等因素来选择合适的分离方法。

3. 储氢方法

（1）高压储氢。氢气的压缩有两种方式，一种方法是直接用压缩机将氢气压缩至储氢容器所需的压力，存储在体积较大的储氢容器中；另一种方法是先将氢气压缩至较低的压力存储起来，加注时，先将部分气体充压，然后启动增压压缩机，使储氢容器达到所需的压力。

（2）液态储氢。液态储氢是一种深冷的氢气存储技术，如图1-25所示。

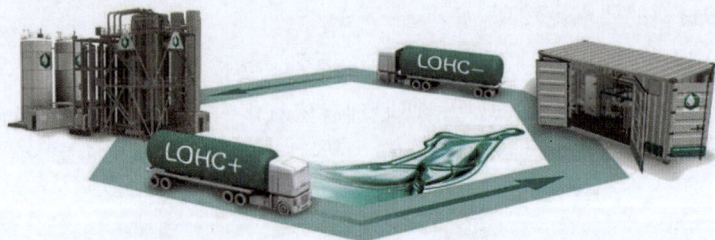

图1-25　液态储氢示意图

氢气经过压缩后，深冷到21 K以下使之变为液氢，然后存储到特制的绝热真空容器中。液氢一般采用车辆或船舶运输，液氢生产厂至用户较远时，可以把液氢装在专用的低温绝热槽罐内，再放在卡车、机车、船舶或者飞机上运输。

目前液氢的主要用途是在石化、冶金等工业中作为重要原料和物料。氢作为一种高能燃料，其燃烧值非常高，所以在航天领域得到重要应用。

（3）储氢合金和金属氢化物。某些金属具有很强的与氢反应的能力，在一定的温度和压力下，这些金属形成的合金能够大量吸收氢气，反应生成金属氢化物，将这些金属氢化物加热或降低氢气的压力后，它们又会分解，将存储在其中的氢释放出来，这样的合金成为储氢合金。储氢合金吸收氢气后，这些氢以原子态存储在合金中，当其释放出来时，要经历扩散和化合的过程，这些过程受到热效应以及反应速度的制约，不易爆炸，安全程度高。储氢合金还有很好的可逆性等特点。储氢合金如图 1-26 所示。

（4）无机非金属储氢。无机非金属氢化物主要包含配位氢化物和分子型氢化物两种。与金属氢化物相比，无机非金属氢化物具有不同的电子结构与成键特性，这决定了它们不同的吸放氢性能与反应机制。在金属氢化物中，氢原子占据金属晶格的间隙，氢原子与金属原子之间主要以金属键结合。

金属氢化物的吸放氢过程通常伴随着晶格的膨胀和收缩，其反应主要取决于氢气分子在金属或者合金表面的解离或者氢原子结合形成氢气分子，以及氢原子在晶格内的扩散与迁移。在配位氢化物中，氢原子通过与中心原子形成共价键。因此，配位氢化物的放氢和吸氢过程分别伴随着氢化物自身结构的分解和重构，需要组成原子的扩散与迁移，从而导致较弱的吸放氢反应性。

图 1-26 储氢合金

4. 氢的应用

（1）镍氢电池。镍氢电池是一种碱性电池，如图 1-27 所示。负极由储氢材料作活性物质的氢化物构成，正极为羟基氧化镍，电解质为氢氧化钾溶液。镍氢电池的电化学表达式为（-）M/MH|KOH（6 mol/L）|Ni（OH）$_2$/NiOOH（+），式中，M 为储氢合金，MH 为金属氢化物。

图 1-27 镍氢电池

充电过程中，Ni（OH）$_2$ 被氧化为 NiOOH，负极水被还原，使合金表面吸附氢，生成氢化物。

放电过程则是充电过程的逆反应，即正极 NiOOH 还原为 Ni（OH）$_2$，负极储氢合金脱氢。镍氢电池在正常的充放电过程中，正负极发生的反应都属于固相转变机制，在反应过程中，没有金属离子进入溶液中。

虽然碱性电解质中的水分子参与了充放电过程的电极反应，但是总的来看，在反应过程中，体系中水分子的量是保持恒定的，并不存在电解质组成的改变。因此镍氢电池可以实现完全密封，充放电过程可以看成质子在正极/溶液界面与电解质中的 OH$^-$ 反应生成水。溶液中的质子在负极/溶液界面被还原为氢原子，并进一步扩散到储氢合金中得到金属氢化物。而在放电过程中，整个反应过程与充电过程恰好相反。

（2）燃料电池。燃料电池是通过燃料与氧化剂的电化学反应，将燃料储存的化学能转化为电能的装置。相比燃料直接燃烧释放的热能，电能转化不受卡诺循环的限制，转化效率更高，同时应用更加方便，对环境更为友好，因此通过燃料电池能实现对能源更为有效的利用。燃料电池是氢能利用的最重要的形式，通过燃料电池这种先进的能量转化方式，氢能源能真正成为人类社会高效清洁的能源动力。图1-28为燃料电池的一种。

燃料电池的负极为燃料 H_2，发生氧化反应，放出电子：$H_2 === 2H+2e$，释放的电子通过外电路到达燃料电池的正极，使氧化剂 O_2 发生还原反应：$O_2+e+4H === 2H_2O$。

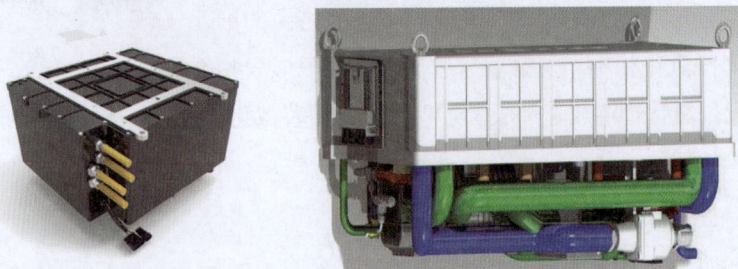

图1-28　燃料电池

在电池内部，电荷通过溶液中的导电离子传递，正极生成的 H 通过质子交换膜扩散到负极，完成电荷的循环并在负极生成产物 H_2O，将这两个反应加和，得到总反应：$2H_2+O_2 === 2H_2O$，即为通常的氢气氧化反应，通过燃料电池，反应的化学能以电能的形式给出。

（3）氢能源汽车（图1-29）。氢内燃机是以氢气为燃料，将氢气存储的化学能通过燃烧的过程转化成机械能的新型内燃机。氢内燃机的基本原理与普通的汽油内燃机一样，属于气缸－活塞往复式内燃机。按点火顺序可将内燃机分为四冲程发动机和两冲程发动机。

图1-29　氢能源汽车

氢作为内燃机燃料，与汽油、柴油相比，有以下优点：

①易燃性。氢燃料具有非常宽的可燃范围，有利于实现更加安全和更经济的燃料。

②低点火能量。氢气具有非常低的点火能，比一般烃类小一个数量级以上。这既有利

于发动机在部分负荷下工作，又使得氢发动机可以点燃稀混合物，确保及时点火。

③高自燃温度。压缩过程温度上升与压缩比相关，自燃温度对于压缩比而言是一个非常重要的因素，氢气的自燃温度高，可使用更大的压缩比，提高内燃机效率。

④小熄火距离。氢气火焰的熄灭距离比汽油更短，故氢气火焰熄灭前距离气缸壁更近，因而与汽油相比，氢气火焰更难熄灭。

氢能源动力汽车将会是未来的一个发展重心，许多国家都在抓紧研制氢能源汽车以及相关应用。

『学习总结』

1. 查询相关资料，了解更多氢气的新应用。

2. 想想氢气给我们的生活带来便利的同时，我们需要如何安全有效地利用。

3. 大胆设想一下，氢气有没有可能在更多的方面进行应用。

『学习延伸』

1. 氢的基本性质

氢原子代表了最基本的原子结构：一个仅由一个质子构成的原子核和原子核外的一个电子，因此是原子结构研究的模型体系。氢原子的一些基本性质：氧化态 +1，−1；第一电离能 1 312.0 kJ/mol；原子质量 1.007 94 g/mol；电子亲和能 73 kJ/mol；电子构型 1s1；共价半径 37 pm；电负性 2.20；范德瓦耳斯半径 120 pm。氢的同位素有氕、氘、氚。氘又称重氢，其原子核中含一个质子和一个中子。氘是一种稳定的同位素。氘的氧化物称为重水，工业上通过富集海水中的重水来得到纯的重水，重水在核反应中能作为中子的吸收剂，对生物体有微毒性。重水在核反应中也作为中子的减速剂，以提高核裂变反应引发的概率。

原子核中有两个中子的同位素称为氚。氚不稳定，现在主要通过中子照射 Li 同位素制备得到。氚与氘的聚变反应可放出 17.6 MeV 的能量。氚对人体有一定的伤害，但由于其半衰期短，因此危害性较小。

氢气是最简单的双原子分子，两个电子自旋相反，因此氢气呈抗磁性。无论气态、液态还是固态，氢气都是绝缘体。液态氢常作为高密度氢气存储介质，主要用于火箭推进剂燃料。液态氢需要在低温下储藏，低温系统的故障将导致氢气的泄漏，因此在液态氢气的存储和运输过程中应十分小心。

2. 氢气球

氢气密度是所有气体中最小的。将氢气充入气球中，气球就可以飞起来（图 1–30），如放飞氢气球、太空氢气球、空飘氢气球等。氢气也可充飞艇。氢气跟氧气反应时能放出大量的热，氢氧焰可达 3 000 ℃的高温，用于焊接或切割金属。利用氢气的还原性，可以冶炼有色金属和高纯锗、硅，合成氨、盐酸，石油加氢，制硬化油、高效能燃料，液氢还有希望成为动力火箭的推进剂。其实氢气是重要的化工原料，如氢气和氮气在高温、高压、催化剂存在下可直接合成氨气，目前，全世界生产的氢气约有 2/3 用于合成氨工业。在石油工业上许多工艺过程需用氢气，如加氢裂化、加氢精制、加氢脱硫、催化加氢等。氢气在氯气中燃烧生成氯化氢，用水吸收可得到重要的化工原料枣盐酸。氢气和一氧化碳的合成气，净化后经加压和催化可以合成甲醇。在食品工业上，氢气用于动植物油脂的硬化，如制人造奶油和脆化奶油等。随着新技术的发展，氢气的应用将更为广泛和重要。

图 1-30　氢气球

学习任务 2　风能技术应用

2.1　风驰电生

『学习情境』

风是水平运动的空气，主要是由地球上各纬度所接受的太阳辐射强度不同而形成的。

在近地层海洋上的气流吹向大陆，称为海风；低层风从大陆吹向海洋，称为陆风；冷空气沿坡地向下流入山谷，称为山风。

风的能量是巨大的，能撼动大树，也可以吹动风帆，助船远航。风很早就被人们利用，主要是通过风车来抽水、磨面等。在现代科技的助力下，可用风能发电。对于缺水、缺燃料和交通不便的沿海岛屿、草原牧区、山区和高原地带，因地制宜地利用风力发电，非常适合。

风能作为一种清洁的可再生能源，越来越受到各国的重视。

小鹏是电子爱好者，他决定查找资料，自己制作风能模型，点亮手中的 LED 灯。你能帮帮他吗?

『学习目标』

1. 学习准备哪些材料才能点亮灯泡。
2. 学习风能为什么能发电。
3. 学习海上风能的应用，感受我国风能技术的魅力。

『学习导航』

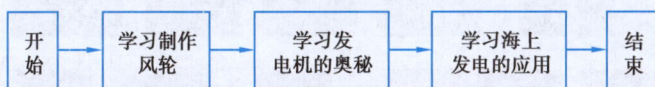

开始 → 学习制作风轮 → 学习发电机的奥秘 → 学习海上发电的应用 → 结束

『学习探究』

1. 受风而动

我们用纸折叠成风车，风车能迎风旋转，纸风车将风能转换为了机械能。风力发电与之相似，风吹动叶片旋转，在增速机作用下旋转速度被提升，足够的机械能带动发电机主轴转动，从而将机械能转换为电能，这就是风力发电。风力发电实质是风能—机械能—电能的转换过程。

风机叶片是风力发电技术进步的关键核心部件。风机叶片如图 2-1 所示。

叶片细长有韧性，风轮转动的离心力使叶片发生弯曲，为避免叶尖与塔架相撞损坏，叶片应以一定的锥角和仰角安装。

我国所用风力发电机多为 3 叶片风轮。提水风力机叶片数量为 12 ~ 24 片，质量较重，适合低速运行，以提高转矩。

风轮是把风的动能转变为机械能的重要部件，它通常由 3 片叶片组成。安装好的风轮如图 2-2 所示。

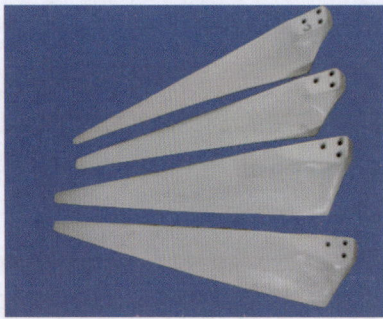

图 2-1　风机叶片　　　　　　　　　图 2-2　风轮

水平轴风力机的平面与风向垂直，风轮上的叶片径向安装，叶片数量通常为 1 ~ 3 片，减轻质量，便于高速运行，风能利用系数高。

水平轴风力机分为逆风式和顺风式。逆风式通过调风装置使风轮迎风旋转，顺风式风轮顺风旋转，不需要调风装置。偏航系统能保证风轮始终正对迎风方向，获取最大的风能利用率。垂直轴风力机的风轮平面与风向平行，对风向没有要求，不需要调风装置。

桨叶的材料强度高、质量轻，大中型风机多采用玻璃钢或其他复合材料（如碳纤维）。制作叶片的主要原材料如图 2-3 所示。

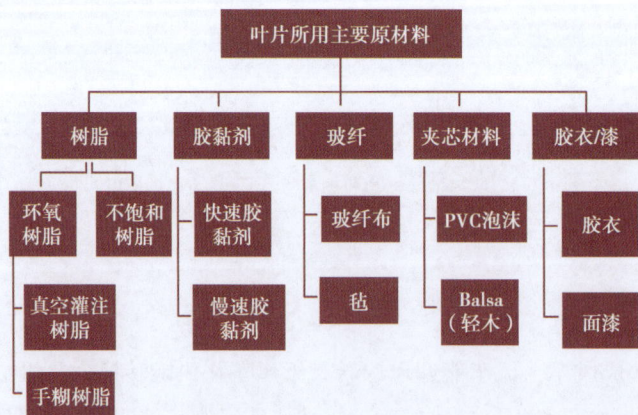

图 2-3　叶片所用主要原材料

现有技术条件下，风速达到 3 m/s 时，风轮便能驱动发电系统发电。风速太低，桨叶不能旋转，反之桨叶会因承受的气动力超过限值折断损坏，风机中安装有刹车装置避免桨叶超速旋转而损坏。

叶片不仅要考虑气动性能、共振、颤振、耐腐蚀、防雷等叶片性能，还要考虑抗疲劳不易损坏，运行安全可靠，易于维修和安装等情况。

叶片多采用蜂窝型或泡沫填充方式，上下两片分别生产，然后黏合，形成整体。叶片各处所受风的攻角不同，叶尖处扭角比叶根处小很多。叶片不同位置的尺寸和形状设计不同，常用的有 NACA、SERI 翼型等。

风能转换效率受叶片数量、形状、材料、尺寸等多种因素的影响。德国物理学家阿尔伯特·贝茨于 1919 年提出理想的风能模型。风能所能转换成动能的极限比值为 16/27 约为 59%。

> 🔥 **做一做**　利用身边的合适材料，制作叶片并安装在风轮上。

> 📖 **小提示**　用质量较轻并且能承受一定强度的材质制作，例如可以用矿泉水瓶的瓶盖作叶轮，瓶身剪成想要的叶片形状和数量，然后均匀分布安装在瓶盖周围。

2. 轴转生电

叶片的旋转只是将风能转换为了机械能，要想得到电压，就必须用发电机。

发电机和电动机的外形及结构很相似，两者均通过主轴的转动转换能量，但能量转换方式是不同的。发电机将机械能转化成电能，而电动机则相反。

发电机按输出电的类型分为直流发电机和交流发电机。顾名思义，直流发电机输出和干电池同一个类型的电流，称为直流电，而交流发电机输出的是交流电。风力发电用交流发电机，发电机输出电压有高有低，功率也不相同。

水平轴风力发电机组主要由发电机、风轮、机械部件和电气部件组成，其主要构成见表 2-1。

表 2-1　水平轴风力发电机组主要构成

名称	安装位置	包含部件	作用	图例
风轮	塔架顶部	其上安装叶片	将风能转换为机械能	
机舱	塔架顶部	内部安装变速齿轮、控制电路、发电机等	通过轴承与塔架顶部相连接，便于受偏航系统控制而旋转，同时能保护风力机，监测风力机运行参数	
塔架	塔基上	内含维护通道、线缆、控制柜等	传递风轮负荷，提升高度，通过塔架上到顶端维护	
塔基	地面等基础面	—	承重、固定整体	

风力发电机组的分类见表 2-2。

表 2-2　风力发电机组的分类

分类方法	类型	特点
机组容量	小型风力发电机组	容量小于 60 kW
	中型风力发电机组	容量 60 ～ 600 kW
	大型风力发电机组	容量 600 ～ 100 kW
叶片数量	单叶片发电机组、双叶片发电机组、三叶片发电机组、多叶片发电机组	—
运行方式	离网型风力发电机组	蓄电池储能供给用户，逆变交流
	并网型风力发电机组	风力发电机发电直接送入电网
主轴方向	水平轴发电机组	旋转平面垂直于风面
	垂直轴发电机组	旋转平面绕垂直轴旋转
功率调节方式	定桨距风力机	叶片固定，桨距角不可调，依靠失速性调节功率
	变桨距风力机	叶片可调，改变桨距角调节功率
	主动失速型风力机	依靠叶片失速性和调节桨距角调节限制功率
应用环境	高原发电机组、陆地发电机组、海洋发电机组	对机组容量等要求不同
传动形式	高传动比齿轮箱型	有齿轮箱，极对数小，结构复杂
	直接驱动型	采用多级同步风力发电机，无齿轮箱，极对数高
	半直接驱动型	兼顾齿轮箱传动比及发电机极对数

续表

分类方法	类型	特点
转速变化	恒速型	发电机转速不随风速变化
	变速型	发电机转速跟随风速变化
	多态定速型	由两台或两台以上发电机构成

风力的大小和方向时刻变化，导致风轮转速不稳定。用齿轮变速箱和调速机构使转速稳定，从而使发电机工作于额定转速。

为保持风轮始终对准风向以获得最大的功率，还需在风轮的后面装一个类似风向标的尾舵，如图 2-4 所示。

为了点亮手中的 LED 灯，成功制作一款属于自己的风力发电模型，我们可以选择一款适合手工制作的直流迷你发电机，如图 2-5 所示。

图 2-4　风机尾舵

图 2-5　直流迷你电机

想办法让发电机的主轴快速转动起来，就可以发电啦！

做一做　将做好的风轮安装在迷你发电机的主轴上，将发电机所发的电连接到 LED 灯上，主轴受风快速旋转时，LED 灯就会被点亮了。

小提示　在做好的风轮所在的瓶盖中心，钻上一个直径比发电机主轴直径略小的孔，然后将瓶盖安装在发电机主轴上，为了牢固，可滴 1～2 滴强力胶在瓶盖孔中，注意不要滴入发电机中。

3. 存电备用

风力发电所产生的电能不受季节的影响，只要有合适的风能，就能源源不断地产生所需的电能。然而人们用电的时段并不是全天候的，比如白天光线充足时不需要开灯。这时风力发电机仍然在输出电能，我们有没有办法将风能发电所产生的电能储存起来呢？

答案是肯定的，风力发电系统所采用的储能系统主要包括用蓄电池储能、抽水储能等，其中蓄电池储能用得比较广泛。蓄电池如图 2-6 所示。

你可以选择充电电池来作为储存电能的容器，将电池正负极对应接在发电机的输出线上，就可以把电储存起来了。

典型的风力发电系统框图如图 2-7 所示。

图 2-6　蓄电池

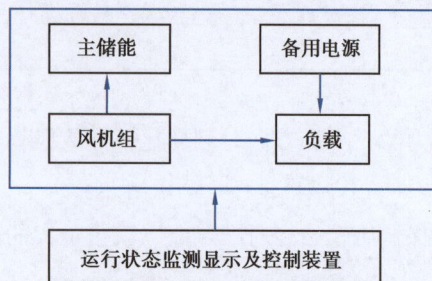

图 2-7　典型的风力发电系统框图

风力发电的主要应用方式有独立供电、混合供电及并网供电三类，见表 2-3。

表 2-3　风力发电的主要应用方式

供电系统	特点
风力发电独立供电	风力发电机输出电能经过蓄电池储能，同时向负载提供电能
风能－柴油发电机混合供电	风力发电和柴油发电形成互补，节省柴油机燃料
风能－太阳能混合供电	采用太阳能电池实现光伏发电，与风力发电形成风光互补供电，形成稳定的电能供给
风能－水能混合供电	风能及水能均一定程度受季节影响，将风力发电和水力发电结合起来，形成季节供电互补，提升供电效率
风能并网供电	风力发电机输出的电能传送至智能电网，由智能电网供给用电终端

此外，风能与氢能的混合利用，可以提高多余风能电力的利用率，将风能输出的富余电能供给电解装置，可将生物质能、水能等转换为氢能，然后通过燃料电池转换为电，供给负载，如作为新能源汽车动力电池。

想一想　生活中简单的风能转为机械能的例子有哪些？

数一数　家用电风扇的叶片数量是多少？你知道为什么是这个数量吗？

做一做　将迷你发电机换成迷你电动机，灯泡会出现什么现象？

『学习总结』

根据所学内容，完成模型制作，并按下表进行检查，根据实现情况，给自己小星星。

总结内容	检查	给自己小星星
叶片方向及紧固	检查叶片安装分布均匀，叶片紧固可靠无松动，无异常摩擦	☆ ☆ ☆ ☆ ☆
叶轮	检查叶轮无破损，转动叶轮后能带动发电机旋转	☆ ☆ ☆ ☆ ☆
功能实现	检查模型周围空旷安全，有足够的叶片旋转空间，模拟风吹动叶片快速旋转，LED 应点亮	☆ ☆ ☆ ☆ ☆

『学习延伸』

我国部分风电场

1. 新疆达坂城风电场（图 2-8）

新疆达坂城风电场是我国首个风电场，于 1989 年建成，乌鲁木齐达坂城的道路两旁，上百台风力发电机擎天而立，形成了一个蔚为壮观的风车大世界。

图 2-8　新疆达坂城风电场

2. 南澳东半岛风电场（图 2-9）

南澳位于中国台湾海峡喇叭口的西南端，是上百部风机组成的风车阵，构成了一幅美丽的大自然和高科技相结合的奇特风景线。

图2-9　南澳东半岛风电场

3. 上海东海大桥风电场（图2-10）

我国首座海上风电场，位于东海大桥东侧的东海海域，是我国首个海上风力发电站项目，也是亚洲第一座大型海上风电场。

图2-10　上海东海大桥风电场

中国海上风电快速发展，截至2019年底，全国风电累计装机容量为21亿kW，其中陆上风电累计装机2.04亿kW、海上风电累计装机593万kW。

2021年，全球首台抗台风型漂浮式海上风电机组测试下线（图2-11）。标志着我国漂浮式海上风电关键技术实现新的突破，为深远海风电规模化、经济性开发奠定坚实的基础。

该漂浮式海上风机单机容量5 500 kW，风轮直径达到158 m，应用的浮式基础为半潜式，满发时每小时发电5 500 kW·h，每年可为3万户家庭提供绿色清洁能源电能。

漂浮式海上风机一体化设计、平台及系泊系统设计等多项关键技术得以突破，最高可抗17级台风。漂浮式海上风电是未来发展的必然趋势。

图 2-11　广东阳江海域全球首台抗台风型漂浮式海上风电机组

2.2　风生水起

『学习情境』

　　空气的运动形成了风,从古至今,一直伴随人类社会,风来无影去无踪,"脾气"不定,"和风细雨""狂风大作""风乱伤人"均是对风的描述。

　　风也是诗人传情达意的载体,唐代著名诗人贺知章的《咏柳》中"不知细叶谁裁出,二月春风似剪刀",说的是二月里的春风,就像一把灵巧的剪刀,裁剪出了柳枝上细细的嫩叶。

　　风既可轻抚万物,也能掀起巨石。唐代诗人岑参的"轮台九月风夜吼,一川碎石大如斗,随风满地石乱走"。《三国志·吴志·陆凯传》中"风则折木,飞沙转石,气则雾郁,飞鸟不经",是对风的巨大能量的描述。

　　正因为风的能量如此巨大,有效利用才成为可能。在古代,人们利用风能作为动力制造了帆船(图 2-12)。郑和七下西洋,实现政治、经济、文化的交流,创造了中国最辉煌的风帆时代。三国时期的"赤壁之战""草船借箭",以及西周时期用于军事的烽火台,均是风能利用的典型实例。

　　我国劳动人民不断发挥聪明才智,很早就使用传统风车提水灌溉农田,吸取海水制盐,精选谷物。宋代,八帆提水风车更是风车应用的经典。

　　随着对风能利用的探索,人们逐步掌握了其特点,并运用现代科技实现对风速、风向、风力的预测,在传统提水风车的基础上,发明了更为先进、高效、智能的现代提水机组,搭配自动控制系统,不仅可近距离提水,还能实现远距离提水。

图 2-12　古代帆船

『学习目标』

　　1.学习风车的主要发展历程。

　　2.学习风力提水机的类型。

　　3.学习风力提水的应用和控制，感受技术的发展。

『学习导航』

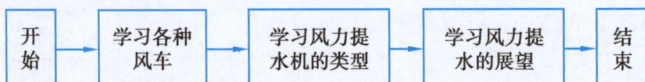

『学习探究』

　　1. 风车简述

　　风能早期应用于风帆助航以及农业生产中。小麦、玉米等小颗粒农作物收割脱粒后，需要将谷壳分离出来，古代劳动人民发挥出聪明才智，制作了手摇式的风车，也叫"扬谷器"，在风车的木制手柄轴上轴向安装多片叶片，用手转动手柄，叶片旋转产生风力。晾晒以后的谷物从风车上部的漏洞状加料口加入，受叶片产生的风力吹动，因为谷和谷壳的重量不同，被风吹动后，轻谷壳被吹走，较重的谷粒从风车谷物口落下，实现了谷物的精选。随着机械的发展，谷物筛选风车的材料被金属代替，不用手摇了，用功率合适的电机代替手摇，接入交流电压，电机旋转带动叶片旋转，使筛选谷物的效率更高了，如图 2-13 所示。

　　实现能量转化的风车，其雏形为古代用于远航的风帆船，人们从中得到风能运用的启示，逐步研究，不断实践，其发展经历了早期的阻力型风车和升力型风车。

　　阻力型风车受风面阻力大，逆风面阻力小，由此产生的力矩使风车旋转。升力型风车受叶片面上的气动升力作用而运行。

图 2-13　精选谷物用风车

风车的较早记载也见于 9 世纪阿拉伯人的著作，其中提到公元 644 年波斯、阿富汗边界地带有风车用以抽水和磨面。12～19 世纪风车在欧洲广泛应用。14 世纪以后，荷兰利用风力提水大规模围海造地。到 19 世纪中期，荷兰的风车数量已达到 9 000 台。

我国宋代即有风车应用的记载。人们制作出立帆式垂直轴风车，在一根垂直轴的四周，分布 6～8 面用于接收风能的布篷，通过绳索调节风车的受风面积，以控制风车旋转速度。其不受风向的影响，可接受来自四面八方的风能，使风轮围绕垂直轴转动，带动水车工作。因其旋转时像走马灯一样，故称为走马式风车。

清代周庆云《盐法通志》记载："风车者，借风力回转以为用也。车凡高二丈余，直径二丈六尺许。上安布帆八叶，以受八风。中贯木轴，附设平行齿轮。帆动轴转，激动平齿轮，与水车之竖齿轮相搏，则水车腹页周旋，引水而上。"

宋代刘一止著《苕溪集》中，"老龙下饮骨节瘦""风轮共转相钩加"记载了使用风轮驱动风车进行提水。明代宋应星《天工开物》一书，"扬郡以风帆数扇，俟风转车，风息则止，此车为救潦，欲去泽水，以便栽种"，描述了风车运用于农业灌溉。

关于风的阻力的产生研究，法国物理学家达朗贝尔在《动力学》一书中首次提出流体速度和加速度分量，用流体动力学的微分方程表示场，并提出了著名的达朗贝尔悖论"物体在大范围的静止或匀速流动的无界不可压缩、无黏性流体中作匀速运动时，它所受到的外力之和为零。"这与实际情况矛盾。德国科学家普朗特随后提出"边界层理论"彻底解开了达朗贝尔悖论之谜。

风车将风能转换为机械能，带动传送带使机械装置运动，用来抽水灌溉农作物、排水、磨面等，还可用于发电。

随着技术的发展，用于风力提水的装置即风力机由传统风车发展为多形态提水机，其按运行速度分为低速风力提水机和高速风力提水机；按叶片数分为单叶片风力机、双叶片风力机、三叶片风力机和多叶片风力机；按风轮轴位置分为水平轴风力机和垂直轴风力机两种；按叶片受力形式分为升力型风力机和阻力型风力机。不同叶片的风机实物图如图 2-14 所示。

图 2-14　不同叶片的风机

> 👤❓ **想一想**　生活中利用风力的例子有哪些?

2. 各显身手

叶片的旋转只是将风吹动风轮旋转,通过传送带带动提水水泵工作,将水从池塘、河道、水渠中提升至一定扬程后,用于灌溉、排水、养殖,或用储水池将水储存起来。

风力提水机有传统风力直接提水和现代风力提水,主要有龙骨水车(图 2-15)、钢管水车、螺旋水泵、拉杆式活塞泵、液力驱动泵、气力驱动泵等。

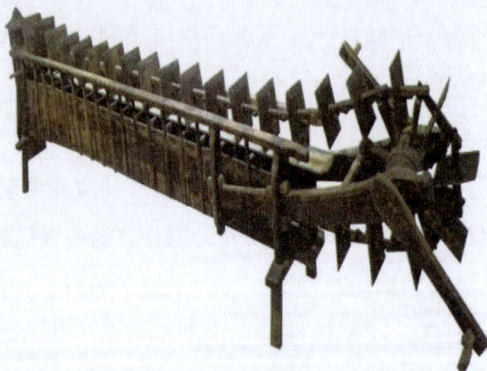

图 2-15　龙骨水车

龙骨水车历史悠久。因为其形状犹如龙骨,故名"龙骨水车"。南宋陆游《春晚即事》记载:"龙骨车鸣水入塘,雨来犹可望丰穰。"

龙骨水车采用木质材料制作而成,其由多个水槽用来提水,水槽长一般不超过 7 m,宽 30 cm 左右,高 20 cm 左右。水槽中间隔分布有刮水木板首尾相连接。在木质水车基础上,用铁链条代替木链条,将水槽、刮水片用圆形钢管替换,制成钢管水车。初期的龙骨水车靠人力转动,通过刮水板将水运送至高处,提水高度通常为 1 ~ 3 m。人们随后又制造了利用风力作为动力的提水车。

我国从 20 世纪 60 年代开始研制现代提水风车(图 2-16),随着风力提水技术的发展,各种不同扬程、不同流量的现代提水风车被用于东南沿海地区,江苏、河北等地的种植,高海拔地区的人们生活用水及牧场养殖用水。提水高度可达 100 m 以上。

常用的风力提水机按扬程和流量指标可分为高扬程小流量、中扬程大流量、低扬程大流量三种。

高扬程小流量提水机组主要用于提取深井地下水,用于北部草原牧区人畜用水和草场灌溉。一般采用低速多叶片水平轴风轮,通过曲柄连杆机构将风轮轴的圆周运动转变为活塞泵的直线往复运动,带动活塞水泵直接提水,其风轮直径一般为 2 ~ 6 m,扬程为 20 ~ 100 m,流量一般不超过 5 m³/h。

中扬程大流量提水机组主要用于提取浅井地下水,用于供给人畜饮水、农田灌溉及人工草场灌溉。

图 2-16 提水风车

一般采用流线型升力高速桨叶风轮匹配容积式水泵进行提水作业。其风轮直径可达 8 m,扬程可达 20 m,流量为 15 ~ 25 m³/h。

低扬程大流量提水机组主要用于提取地表的河水、海水,用于沿海地区盐场制盐、农田排水、灌溉、水产养殖等。其采用低速或中速风轮,配合钢管水车或者螺旋泵进行提水作业。其风轮直径为 5 ~ 7 m,扬程可达 3 m,流量可达 100 m³/h。

风力提水机组用水泵主要有旋转式水泵提水机、往复式水泵提水机、空气压缩泵提水机、隔膜泵、滑板泵等,如图 2-17 所示。

图 2-17 各种水泵

使用风能可以实现远距离提水,风能使风轮旋转带动空气压缩泵,产生压缩气体,通过导气管将压缩气体送至远处水源处,控制气压自控扬水机进行提水作业。山东日照市岚山区黄墩镇草涧水库的风力提水工程(图 2-18),其采用空气压缩水泵,三级风力即可运行 24 m³/h 左右的出水量,相当于 12 kW·h 电能的提水量,提水一天可灌溉 30 亩(1 亩 ≈ 666.67 m²)农田。

图 2-18　风力提水工程建设

此外，在风力直接提水机组的基础上，人们研制出风力发电提水机组，将风能转换为电能，由专用控制器控制电泵工作，进行提水作业。

💭 **想一想**　生活中，通常用到的提水水泵有哪些？它们的功率和扬程分别为多少？

3. 自动控制

风车靠风的能量驱动运转，为了使风轮能更好地利用风能旋转，风轮扫过的平面始终应与风向保持垂直，风的方向不固定，需要采用自动对风装置来实现这一功能。通常采用尾舵进行自动对风，如图 2-19 所示，一般应用于直径小于 6 m 的风轮上。尾舵一般采用镀锌薄钢制成。尾杆安装于风车尾部，为了减小风轮尾流的影响，可将尾舵上翘，安装在更高的位置上，尾舵安装于尾杆上，并与风车的风轮平行或成一定夹角。

图 2-19　尾舵自动对风

当风速超过一定值时，风力机会因为转速过快而损坏，风力机配备了自动调速和自动刹车装置，以保护风机安全，防止飞车情况发生。使用变桨距方法可调节风力机风轮的额定功率。

『学习总结』

根据所学内容，并按下表进行总结，给自己小星星。

总结内容	检查	给自己小星星
风能的利用	梳理风能的利用历史和发展	☆ ☆ ☆ ☆ ☆
风车	现代风车和古代风车有什么不同	☆ ☆ ☆ ☆ ☆
运行控制	风机的运行控制用到了哪些装置	☆ ☆ ☆ ☆ ☆

『学习延伸』

古今风力

"解落三秋叶，能开二月花。过江千尺浪，入竹万竿斜。"这是唐朝诗人李峤所作《风》中的诗句，风能使晚秋的树叶脱落，能吹开早春二月的鲜花，能掀起江河水拍打出千尺巨浪，也能把万棵翠竹吹得歪歪斜斜。风本身看不见，但风的力量显而易见。

历史上，应用风的例子很多，如风力提水、借风作战、远航等。三国时期的赤壁之战，就是利用风能作战的经典例子。

赤壁，在现在的湖北东北长江南岸一带，曹操、刘备、孙权三分天下，曹操的势力最强，号称兵力百万。曹操欲一举消灭孙、刘势力，在刘备退守夏口后，曹操与孙权在赤壁决战。

曹军均为北方士兵，不善水战，在初战失利后采用"连环战船"作战，将船用木板大钉连接，似水上如陆地般平稳前行，以利于士兵作战。

曹操认为隆冬时节，只有西北风，不会有东南风，自然不怕火攻。赤壁的气候多变，诸葛亮更熟悉赤壁气候，断定会有东南风出现，将装有干柴、硫黄等易燃物的火船冲入曹军营地，火借风势，曹军战船因不能及时分散，火光冲天，导致此战失败，士兵死伤无数。

可见，掌握风的规律和特点非常重要，运用现代科技可以准确预报天气情况，对风力、风速、风向进行准确预测，让人们可以采取措施，提前防范，减少了自然灾害造成的损失，也便于更好地利用风能服务农业、航海业以及军事，例如现代风力舰艇、大型风力船、风能驱动的巡航舰、用于海军的风帆训练舰等均是对风能的有效利用。

2.3　风盛热涌

『学习情境』

风，备受古代文人的青睐，风从自然中起，"日暮秋风起""北风江上寒"，风在诗人的妙笔下沁入诗句里，与我们倾心相见，让我们沉浸在古风、古诗中，仿佛亲临其境，思绪飘向那遥远又厚重的古代。

古代的人们在认识风的过程中，风的多变使人捉摸不定，感到神秘，借以"风神""风伯"描述风的能量掌管。人们在认识自然的过程中，从最初的"风神"神话到不断探索并掌握风的特性，形成客观认识并加以应用，是古人探索自然、不断进取的实际体现。广大劳动人民发挥聪明才智，借风而行，利用风能制造农业生产工具，提水灌溉农田。制造风帆实现了远海航行，留下了探寻地球、拓展人文交流的宝贵足迹。

现代的人们更应该在古人宝贵智慧的启迪下，认识自然、欣赏自然、敬畏自然，不断探寻风的奥秘，应用现代科技，取风制暖，造福生活。

风是自然现象，风资源属于取之不尽、用之不竭的自然清洁能源。风本身不会对环境造成污染，也不像燃煤资源需要投入人力、物力、财力进行开采和远距离运输。风一年四季都存在，可以随用随取，不会枯竭。

风能转换为热能之后不仅可以用来取暖，还能代替部分有限资源，既节约了能源，又保护了生态环境，可谓意义无穷。

『学习目标』

1. 学习风能制热与传统热能源的比较。
2. 学习风能转换为热能的途径。
3. 学习风能制热的应用，感受风能为生产生活服务的前景。

『学习导航』

『学习探究』

1. 冷暖新秀

冬季，寒风呼啸，传统的取暖方式为柴禾、煤炉取暖。这种取暖方式需要树木、秸秆等作为燃料，造成大量树木被砍伐。绿色植被的破坏，将导致空气质量下降，水土流失，田地毁坏沙化，风沙肆虐，危害极大［图2-20（a）］，并且会影响野生动物栖息，造成生态链破坏，严重时还会造成野生动物因失去生存环境而灭绝。

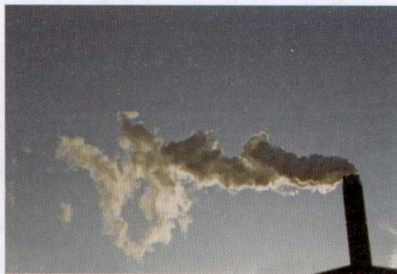

（a）水土流失沙漠化　　　　　　　　（b）烟雾污染

图2-20　环境变化

排出的烟雾等废弃物不仅会污染环境，而且排出的二氧化碳被人体吸入后会导致"中毒"，严重时危及生命［图 2-20（b）］。

我国储量丰富的燃煤资源也并非无限资源，当枯竭之后，人类将面临严峻的生存问题。

风能制热属于新的风能利用途径，目前风能制热已进入试验阶段。风能资源受风速和空气密度的影响，我国地大物博，海岸线长，风能资源的开发利用具有得天独厚的优势。风能机组如图 2-21 所示。

图 2-21 风能机组

内蒙古、新疆等高原偏远地区风能资源比较集中，将风能转换为热能，可用于采暖、牲畜饲养以及蔬菜种植控温等生活生产领域。

用风能制热代替电能消耗，运用于学校、企业、商场、酒店、居民家庭等场所，不仅能缓解能源压力，还能改善环境，提高人民生活品质。风能制热能可将水温加热至 80 ℃甚至更高，足以满足人们大部分生产生活所需。

风能制热应用于蔬菜大棚，可以实现实时控温［图 2-22（a）］；应用于水产养殖，在隆冬时节，为养殖池加温，防止结冰，同时通过风能驱动池中螺旋桨旋转，使水流动，增加氧气含量，从而提高养殖存活率和产量［图 2-22（b）］。无论从生态环境成本还是从利用成本而言，风能都有其独特的优势。

（a）蔬菜温室棚增温　　　　　　　　（b）风能水产养殖

图 2-22 风能制热应用

🔍 做一做　请教身边的水产养殖人员，养殖池塘增温、供氧的方式有哪些？

2. 转换途径

热力学定律表明，将高品位能量转换为低品位能量，其理想情况为能量能全部实现转换，即转换效率为 100%。贝茨理论表明，风能的最大理想利用效率为 59%，而风能制热的转换效率可达 40%。其转换效率高于风力发电和风力提水。目前风能制热的主要实现途径有三种，见表 2-4。

表 2-4　风能制热转换途径

转换量级	转换方式	过程说明
三级能量转换	风轮机械能—电能—热能	风轮的转动带动发电机发电，将输出电压作为电热棒或电热丝的工作电压，发热传递，从而加热水源
三级能量转换	风轮机械能—空气压缩能—热能	风轮转动所产生的机械能使空气压缩机工作，对空气进行绝热压缩而放出热能，从而加热水源
二级能量转换	风轮机械能—热能	风轮的转动直接转换为热能，其转换通过制热器实现热能输出

能量的转换级数越多，造成的能量损耗就会越大，所以风能直接转换为热能，能量转换损耗小，转换效率更高。将风能直接转换为热能的方法主要有采用液体搅拌制热、液体挤压制热、固体摩擦制热以及涡电流法四种。

（1）液体搅拌制热：通过风轮转轴带动搅拌转子使液体作涡流运动，将机械能转换为热能，从而加热液体。

（2）液体挤压制热：利用液压泵将液体加压后，从阻尼小孔中喷出，使液体发热升温。

（3）固体摩擦制热：利用风轮轴驱动制动元件，摩擦固体表面，生成热量，从而加热液体。

（4）涡电流法：将线圈置于动片和定片之间，动片转动时切割磁感线，产生感应电流，形成涡流，从而加热液体。

风能直接进行热转换的效率高，实用性好，应用范围广。但风能制热受风力、风速、风向影响，呈现波形性，现有技术不容易储存。目前空气能制热装置能与其互补，且不受季节、气候影响，但需要消耗电能进行能量转换。

制热设备如图 2-23 所示。

（a）电加热热水器　　　　　（b）空气能热水器　　　　　（c）风能制暖

图 2-23 制热设备

🔵 **做一做**　去身边的家电销售处，看看有哪些利用风能进行制热的产品？各有何特点？

---

3. 制热储存

风能的制热转换通过制热器完成，由于一年中不同季节风力的分布不同，不同地区风力的情况也不同。风轮将风力转换为热能时，其转换效率与风况直接相关，风速太大或者太小，制热器均不能正常制热。同时受制热设备额定制热量的局限，环境温度过低时，制热速度慢，甚至不能启动。这就为风能制热的大规模应用提出了挑战，要实现大规模应用，必须对热能进行储存，在有风时进行热能储存，无风时释放热能进行使用。提高热能储存技术，是风能应用的必经之路。

人类对于清洁能源的探索从未止步，越来越多的制热技术开始涌现，并逐步应用于人们的生产生活中。

『学习总结』

根据所学内容，按下表进行检查，给自己小星星。

总结内容	检查	给自己小星星
优势	风能制热和传统制热比较，有哪些显著优势	☆ ☆ ☆ ☆ ☆
转换途径	风能转换为热能的主要途径有哪些，各有何特点	☆ ☆ ☆ ☆ ☆
应用	风能制热在生产生活中有哪些应用	☆ ☆ ☆ ☆ ☆

『学习延伸』

风能制热应用

风能制热可用于沼气生产时对沼气池的升温加热，提高产气量，通过液体搅拌方法，风力机带动沼气池中的搅拌转子，均匀搅拌沼液，使沼气池升温加热，从而使沼液充分发酵，产生更多的沼气。

风能制热用于水产养殖，因冬天气温较低，不利于鱼虾过冬、产卵，为了提高产量，必须对水产养殖池进行升温，控制养殖场水温一般在 12 ~ 28 ℃，养殖场的水容量很大，用电加热或其他传统能源加热，成本高昂，不易实现。风能制热进行升温加热是理想的选择。高原地区的牧场，由于不集中，放牧区宽广，不易于使用电力，可使用风能制热提供热水水源，供给牧区热能。

　　农产品如小麦、玉米、大米等，对其烘干需要大量的热能。农作物收割后，若遇上连续的阴雨天气，则会发霉变质无法保存。中小型仓库的粮食保存，需要增温控温，以保证能长久保存。若能运用风能这一清洁能源，将节约宝贵的电能。

　　在冬季，天气寒冷，需要对蔬菜大棚进行升温，通过辅助加热，可保证蔬菜良好生长。使用传统的加温方式，能耗比低，而将风能制热运用于大棚种植，则是值得采用的好办法。

学习任务 3　生物质能技术应用

3.1　生物变气

『学习情境』

　　生物质是指通过光合作用而形成的有机体，包括所有的动物、植物以及微生物。生物质能是太阳能转化为化学能后蕴藏在生物质中的能量，属于可持续、可再生能源。

　　生物质种类繁多、分布广泛、形态各异，据科学家估计，其全球种类多达 5 000 万。丰富的生物质构成了五彩斑斓的地球，其蕴藏的能量巨大，不仅为人们的生产生活提供了诸多便利，还为解决能源、生态环境问题起到十分积极的作用。

　　世界各国均高度重视生物质能应用技术的研究，生物质能可通过固化、液化、气化和直接燃烧等技术加以利用。

　　木柴、秸秆等生物质能可直接燃烧，但产生的烟雾对环境影响很大。直接燃烧技术可将其制成甲烷、酒精等可燃气，减小对环境的污染。

　　将果壳、果核、农作物根茎等生物质集中起来，可以制成沼气，用于取暖、炊事。人们生活中产生的污水如洗浴、厨房污水，工业生产中的有机废水如制药、酿造产生的废水，富含有机物，集中起来可以发电，服务生产生活。

　　人类发展所产生的垃圾类生物质，不仅会影响美观，还会污染环境，损害健康。将其分类利用，可以制成固体燃料，用于取暖、发电或制成水泥，变废为宝。

　　霜霜家开始收割农作物了，她对农作物的根、茎、叶可以变成可燃气体非常感兴趣，想学习是如何实现的，你能给她讲讲吗？

『学习目标』

　　1. 学习什么是生物质和生物质能。

　　2. 学习生物质是如何被气化的。

　　3. 学习生物质能气化的应用，感受我国生物质能技术的魅力。

『学习导航』

『学习探究』

1. 源来于此

生物质能是重要的可再生能源，具有绿色、低碳、清洁、可再生等特点。生物质气化是利用空气中所含的氧气，或利用外部纯氧等作为气化剂，将生物质热解转化为可燃气的过程，如图 3-1 所示。

图 3-1　生物质能处理为可燃气

生物质的分类方法较多，可按来源、化学成分、燃料硬度、转化产物等分类。生物质按来源分类见表 3-1。

表 3-1　生物质的分类（按来源）

分类	含义	举例	
林业资源	森林生长过程和林业生产过程中提供的生物质资源	薪柴、毛竹、零散木材、残留树枝、树叶、木屑、树皮、树根、锯末、果壳、果核等	
农业资源	农作物和其生产过程产生的生物质资源	玉米、高粱、水稻、小麦等农作物秸秆，稻壳、玉米芯渣、花生壳、杂草等	
禽畜粪便	猪、牛、鸡、羊等禽畜的排泄物	禽畜排泄物及与草等植物的混合物	
废水废物	人们生活中的污水、垃圾，工业生产中的有机废水等	空调排水、洗衣排水、厨房排水、厕所排水、食品加工、屠宰排水等	

生物质具有分布广泛、储量大、环境污染小、可再生、方便储运等特点，其可再生特点与光合作用关系密切。受光照时，叶绿体中的色素分子分解出氧气和氢气，并将氧气释放进入大自然，清新空气；无光照时，叶绿体吸收二氧化碳转化为糖类物质，这个过程称为"卡尔文循环"。

生物质属于高聚合物，其由多种化学成分组成，主要包括纤维素、半纤维素、木质素、灰分、淀粉、蛋白质、脂肪等。

不同种类的生物质，元素化学结构不同，需要采取不同的能量转换方式。生物质能的转换利用方式较多，其主要转换技术及产物见表 3-2。

表 3-2　生物质能转换技术及产物

转换方式	核心技术	转换产物
物理方式	压缩成型	固体燃料
热化学方式	直接燃烧	电能、热能
	直接液化	生物油等液体燃料
	气化	生物气体燃料
	热解	液体燃料、可燃气体、木炭
生物化学方式	水解发酵	生物乙醇
	厌氧消化	沼气

👆查一查　生物质能是如何进行光合作用的？什么是"卡尔文循环"？

2. 炼物为气

生物质的气化是利用热化学技术，将生物质热解转化为气体燃料的过程。生物质气化系统主要由加料机、气化炉、旋风除尘器、洗涤塔、真空泵、净化分离器、储气柜、管网等组成，其关键设备为气化炉，如图 3-2 所示。

图 3-2　气化炉

气化炉作为生物质气化过程的关键设备，承担生物质原料热解、燃烧、还原等多个复杂功能。气化装置不同，工艺流程、反应过程不同。气化炉大体分类见表 3-3。

表 3-3　气化炉分类

分类		特点
固定床式	上吸式	生物质原料从气化炉的顶部送入，气化剂从气化炉的底部进入；要求密封加料，原料经过干燥、热解、还原、氧化后，燃气从顶部排出，灰从底部排出。工作温度可达 1 000 ℃，可处理含水量为 50% 的生物质原料，焦油含量高
	下吸式（顺气式）	气体和生物质的运动方向相同，生物质原料从气化炉的顶部送入，气化剂从侧面进入；在底部完成气固分离。下吸式气化的特殊形式为开心式气化炉。工作温度可达 1 400 ℃，焦油含量低
	横吸式	生物质原料从顶端进入，经过干燥、热解、还原、氧化后，气化剂从中部一侧进入，燃气从中部另一侧送出，原料多为木炭
	复合式	兼具上吸式和下吸式的优点，各反应区的温度可单独控制，焦油含量低，气化效率可达 80%
流化床式	单流化（鼓泡流化）	侧边或底部进料，分为浓相区和稀相区，气体从顶部排出，灰从底部排出。适合处理较大颗粒原料
	双流化	包含两级反应炉，第一级反应炉将原料热解气化，并完成气固分离；分离后的颗粒进入第二级进行燃烧，返回第一级为热解反应提供热量，烟气在第二级进行处理排空
	循环流化	包含气化炉和气固分离两个单元，原料通过气化介质保持流化，流化速率可达 7 m/s；燃气出口处通过旋风分离器等气固分离装置，将未完全气化的固体颗粒分离后再次进入炉内进行气化，以提高转化率
携带床式	流化床气化炉特例	顶部或侧边供料，无须使用惰性床料，气化剂直接带动生物质原料运动，流速大，其运行温度高（1 100 ~ 1 300 ℃）；要求原料破碎成微米级的颗粒，以便于焦油的裂解，可实现 100% 碳转化效率

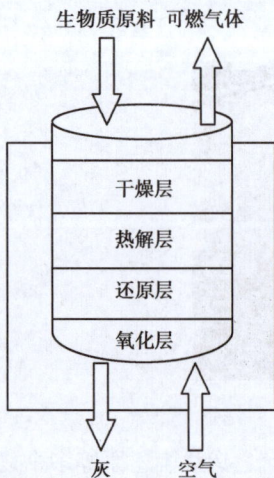

图 3-3　生物质原料气化过程

多数气化过程都可归结为干燥、热解、还原、氧化四个过程。以上吸式固定床气化炉为例，了解生物质原料的气化过程，如图 3-3 所示。

（1）干燥层：位于气化炉的最上层，生物质原料从气化炉顶部直接进入干燥层，干燥层温度一般被控制在 100 ~ 300 ℃，对湿物料进行加热，使物料中的水分蒸发，脱水干燥。水蒸发后的产物为水蒸气和干物料。

（2）热解层：又称为干馏层，热解反应运用干馏反应原理。还原层和氧化层产生的热气体，向上流动到达热解层，继续对生物质原料进行升温加热，使生物质原料发生热解反应。热解层温度一般被控制在 300 ~ 800 ℃，使大部分的挥发分从固体物料中挥发析出。热解层析出主要产物为水蒸气、氢气、二氧化碳、一氧化碳、甲烷、焦油及其他化合类物质等，热解层热气体继续上升到达干燥层，热解层的固体焦炭向下移动到达还原层。

（3）还原层：不存在氧气，焦炭到达还原层后与二氧化碳、氢气、水蒸气发生还原反应，还原为可燃气体。此时还原层因吸热温度为 700 ~ 900 ℃。温度较低时有利于提取二氧化碳，温度较高时有利于提取一氧化碳、氢气和甲烷。

（4）氧化层：为燃烧层，少量空气进入氧化层，目的是使原料在缺氧状态下燃烧，释放大量热量供给干燥层、热解层和还原层，同时将能量尽量保留在可燃气体中。还原反应产生的少量灰分从气炉底部排出。上吸式气化炉实物如图 3-4 所示。

图 3-4　上吸式气化炉

干燥层和热解层合称为燃料预处理层，氧化层和还原层合称为气化层。生物质气化介质如图 3-5 所示。

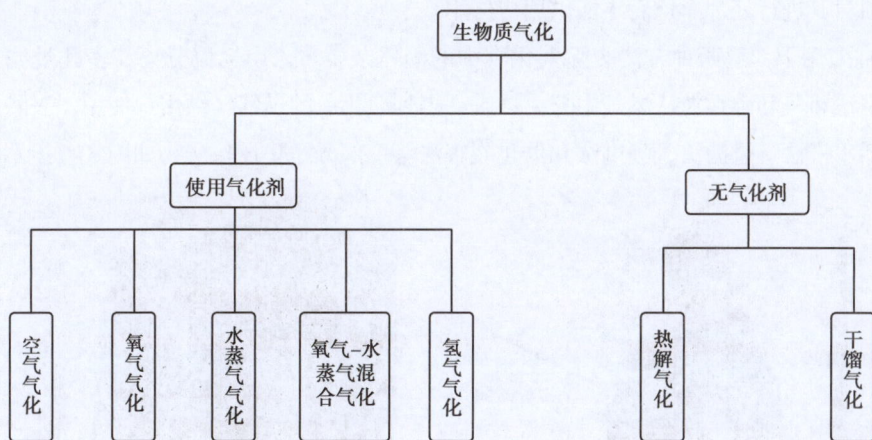

图 3-5　生物质气化介质

空气气化以空气作为气化介质，产生的可燃气体所释放的热量供给干燥层、热解层和还原层，属于自供热类型。空气中 79% 的氮气虽然不参加气化反应，但可以稀释可燃组分含量，从而降低燃气的热值。气化气中的氮气含量可达 50%，热值一般在 5 MJ/m³ 左右。空气可随用随取，不需要额外能源供给，其气化过程最易实现，现已得到普遍应用。

氧气气化以纯氧作为气化介质，氧气与生物质中的可燃组分进行氧化反应，产生可燃气体。因没有氮气的参与，比同当量空气气化的反应温度高，反应速度也更快，生物质燃气的热值可提高两倍以上，热效率也得到提高，气体品质也更好。

水蒸气气化以水蒸气作为气化介质，水蒸气与高温生物质进行氧化反应，气化过程中吸热，需要外部热能供给。其还原过程是多种反应的综合，包括水蒸气与碳的还原反应、水蒸气与一氧化碳的变化反应以及生物质在气化炉中的热分解反应等。

氧气–水蒸气混合气化以空气和水蒸气混合作为气化介质，空气中含有的25%的氧气与水蒸气互补，可降低气体中一氧化碳的含量，提升燃气质量。

氢气气化的反应条件苛刻，要求高温、高压、氢气三者缺一不可，氢气在高温高压下危险性较大，故应用较少。

干馏气化属于热解气化中的特例，在完全无氧或有限氧气的供给下，生物质部分气化。产物主要包含焦炭、焦油、可燃气体。其热值可达空气气化热值的3倍左右。

> **小提示**　不同气化介质所参与的氧化还原反应不同，有其各自的反应方程式。影响生物质气化过程的主要参数除气化介质外，还与物料自身特性、气化温度及当量比（ER）有关。

3. 净化为用

生物质气化炉送出的可燃气体中，包含固体焦炭、液体焦油及木醋液等杂质，若直接使用，杂质不仅会造成严重浪费，还会因为不易燃烧而堵塞燃气设备，造成不必要的损失。所以必须对其进行处理净化后才能供用户使用。

通常采用干、湿两种方法去除气化气中的固体杂质。采用气流分离、多孔过滤、水膜黏附等方法将灰和碳颗粒从燃气中分离出来，得到净化后的燃气，供用户使用。去除焦油的方法包括水洗法、过滤法、静电法和催化裂解法等。部分净化设备实物如图3-6所示。

（a）湿式电除尘　　　　　　　　　　　　（b）布袋除尘

图3-6　净化设备

想一想　生活中将植物外壳筛选出来有哪些方法？

说一说　垃圾分类的意义是什么？

『学习总结』

根据所学内容，完成模型制作，并按下表进行检查，根据实现情况，给自己小星星。

总结内容	检查	给自己小星星
生物质	生物质的含义	☆ ☆ ☆ ☆ ☆
生物质能	生物质能的含义	☆ ☆ ☆ ☆ ☆
气化过程	气化的四个过程	☆ ☆ ☆ ☆ ☆

『学习延伸』

沼气供暖

　　人们生产生活中的农业废弃物较多，这些废弃物会造成环境污染，废弃物中的虫卵会造成疾病的传染，影响人类健康。将农作物秸秆、杂草等生物质资源集中处理，不仅可以改善人居环境，还能变废为宝，服务人类生产生活。将农作物秸秆、污水等集中处理，通过大型沼气工程，可生产沼气用于炊事和供暖，乡村居民足不出户就能享受到管道燃气的方便实惠，燃气西气东输管道如图 3-7 所示。沼渣和沼液还能作为饲料和高效的生物有机肥料，为农业作物提供生长肥源（图 3-8），可谓一举多得。

图 3-7　燃气西气东输管道

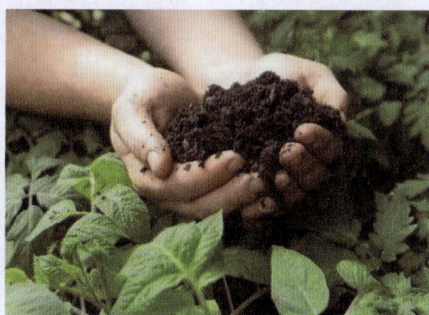

图 3-8　沼渣有机肥用于农作物

　　20 世纪 30 年代，我国开启了沼气技术的应用，主要利用方式为水压式沼气池（图 3-9），为我国推广最早，数量最多的利用方式之一。中华人民共和国成立后，国家大力推广沼气生产，随着技术发展成熟，产气效率极大提高，沼气通过管道输送至千家万户，同时实行气代煤补助政策，不仅改善了环境，提高了经济效益，更重要的是提升了人民群众的幸福感。

图 3-9　沼气池

3.2　生物变油

『学习情境』

在能源需求日益增多的今天，能源使用与环境保护齐头并进。曾经出现的能源危机，排放带来的雾霾危害，为现代的人们敲响了警钟，人们试图在常规能源之外寻求可再生能源，以应对常规能源的有限性。

许多重型机械及发电机以柴油作为主要动力燃料，其动力强劲且价格便宜，但普通柴油因为燃烧不充分，产生大量的微型颗粒及二氧化碳，排放的黑烟对环境污染严重。

汽车发动机需要足够的燃油喷射，才能驱动汽车行进。全世界汽车的保有量非常大，方便了人们的出行，但其热排放及有害气体是不可回避的问题。人们已形成节能减排共识，努力探索清洁能源，生物柴油应运而出。

生物柴油为来自地球绿色植物的新兴能源。生活中的食用油、厨房废油、部分植物及种子等均能产出生物柴油。如生长在南方的麻风树，其种子的含油量可达40%，果仁的含油量可达60%。通过引种培育能源林，建立石油植物园、能源农场等方式，生产生物柴油，一方面保证了野生或半野生自然资源不受破坏，另一方面可推动农林产品良性发展，增加农民收入。

生物柴油可直接替代现有的普通柴油（图 3-10），供给发动机、餐厨、矿区等，具有更低的碳排放，环保无污染。其可再生的特性，为未来燃料提供了可持续使用环境。生物柴油毒性低，其一氧化碳、醛类化合物、碳氢化合物占比较低，浓烟可降至20%。

图 3-10　车辆加生物柴油

生物柴油还具备良好的润滑性能，可降低发动机内部机件运转时的磨损度，减少积碳产生，保护发动机部件，延长使用寿命。生物柴油以液态形式存在，常温常压即可保存，并且不属于易燃易爆品，不会因漏气发生危险，其储存、运输、使用都非常安全。

如何才能生产出生物柴油呢？让我们一起揭开生物柴油之谜吧。

『学习目标』

1. 学习生物柴油的原料。

2. 学习生产生物柴油的方法。

3. 学习生物柴油的应用，感受科技魅力。

『学习导航』

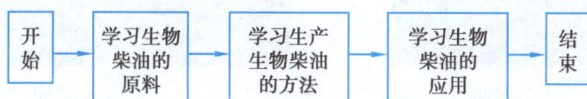

『学习探究』

1. 生长出的柴油

生物柴油又称为脂肪酸甲酯，与柴油的碳分子数相近，可作为石油的替代燃料运用于汽车发动机、工业柴油机等，无须更改柴油发动机结构即可使用，如图 3-11 所示。

生物柴油来源于生物质，利用植物的果实、种子，动物脂肪，餐厨废油等为原料生产。部分能源植物如图 3-12 所示。

图 3-11 发动机及生物柴油

（a）大豆

（b）油菜

（c）麻风树　　　　　　　　　　（d）续随子

图 3-12　能源植物

　　大豆、油菜等为人们的生活用油来源，直接用来提取生物柴油成本太高，资源浪费严重。自然界物种是非常珍贵的，不可能直接砍伐野生物种用于制油，通过人工培植专用的能源林既保护了物种，又很好地利用了能源资源。人们不断寻求更高效的能源培育途径，例如用海水培育出的"工程微藻"富含油脂，其比传统能源制油方法产油量更高。微藻类中的"葡萄藻"能吸收二氧化碳生成喷气飞机的燃料，应用于飞行领域，既节约了能源，还减少了大气中二氧化碳的污染。

　　生物柴油含硫量低，含氧量高，利于充分燃烧，对环境污染很小，且其来源广泛，可再生，容易降解，低碳环保，燃油经济性好，同时具有很好的润滑性能，已发展为新兴能源。

> 🔍 **查一查**　自然界还有哪些能源植物？各有什么特点？

2. 催化剂之家

　　生物柴油的生产方法主要有物理法、化学法、物理化学法、生物法等。物理法是将高黏度的植物油通过稀释，或在天然油脂中按比例加入石化柴油、醇类溶剂作为燃料使用。化学法是通过热解产生小分子，或加入催化剂经过酯化反应后生成生物柴油。

　　物理法生成生物柴油可以通过微乳液法和直接混合法两种方式实现。

　　微乳液法通过添加乳化剂将植物油的黏度降低后进行使用。

　　直接混合法通过在油脂中加入不同比例的溶剂、醇类、石化柴油等物质，混合后作为燃料使用。

　　物理法生成的生物柴油辛烷值低，温度稳定性较差，作为动力燃料时，会导致发动机积碳、喷油不畅等问题。

目前制备生物柴油的方法主要为化学酯交换法，其核心为酯交换反应，利用甲醇或乙醇等低碳醇类与天然油脂在催化剂的作用下生成新的低碳醇酯，从而生成生物柴油。

酯交换法生成生物柴油的关键是所采用的催化方式，没有催化剂时，生物柴油的制取效率很低，在制取生物柴油过程中添加催化剂，能显著提高生物柴油的转化效率。

将温度控制在 240 ℃ 左右，生物质与醇类催化剂反应可生成生物柴油。使用酸性液体作为酯交换法催化剂制备生物柴油的流程如图 3-13 所示。

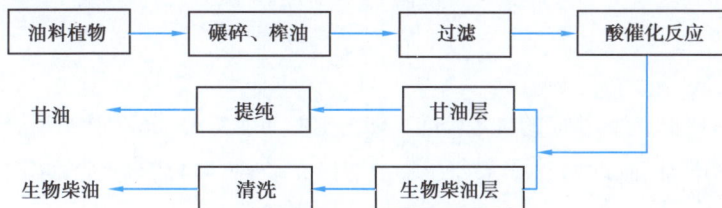

图 3-13　生物柴油酸催化流程图

催化剂在参与反应时的活性、选择性以及稳定性备受关注。活性决定催化反应的程度，活性越高，催化反应速度越快，所需的催化剂越少。

中国科学院青岛生物能源与过程研究所成功研究出 CBS 工艺，开发出新型 CBS（新型木质纤维素整合生物糖化）催化剂，其具有的灵活性以及成本优势，可促进秸秆的高值化应用。

为了更好地控制反应过程，要求催化剂的活性不宜过高。催化剂的选择性决定了制备后的副产物，选择性不好，其生成的副产物多，产品分离困难。工业生产中优先使用选择性好的催化剂，可大大提高生物柴油的制备效率和经济效益。

催化剂的稳定性决定了催化剂重复使用的寿命，催化剂的稳定性越好，催化剂的使用寿命越长，制备成本越低。

催化剂可以分为液体酸碱催化、固体酸碱催化以及生物酶催化多种方法。

固体酸催化剂包括酸性黏土、硫酸盐、单氧化物或复合氧化物、卤化物等。

固体碱催化剂包括金属盐、金属氧化物、自然界中的沸石等，若使用沸石作为催化剂，因其本身晶孔很小，可以筛选出比其孔径更小的分子，类似于筛子筛选谷物，故沸石又称为分子筛催化剂。沸石粉及沸石块如图 3-14 所示。

图 3-14　沸石粉及沸石块

近几年发展出超临界催化法，此方法不使用催化剂，在高温下生成生物柴油，其反应过程 4 分钟即可完成，其生产效率高且不会产生皂化副产品。此外，光催化法还可同时生成生物柴油和氢气，这是一种借助太阳光能量的常温催化方式，因无需高温高压环境，其转换效率更高。

> 🔎 **查一查** 生活中的哪些方面应用了生物柴油？生物柴油有哪几种标号？它们各有什么不同？

3. 三废处理

生物柴油的生产有其相应的技术标准，如德国的 DIN V 51606 生物柴油标准，被认为是最严格的生物柴油质量标准。在此基础上，欧盟设立了 EN 1214 新标准。不同国家根据自身情况设立了不同的生物柴油混合燃料标准，即掺杂标准。

国标 GB 25199—2017 属要求较高的标准。该标准中，不仅对常用术语作了规定，而且对生物柴油的分类、试验方法及检验、包装、运输、贮存规范均作了规定。

生物柴油的质量必须达到相应的生产标准和排放标准，生物柴油生产过程中会产生废水、废渣、废气等副产品，直接排放会对环境造成严重破坏，在生物柴油生产过程中，必须对其进行处理后达到排放要求。

废水应通过活性炭、碱性物质，将产生的酸性废水经过吸附、中和处理，检测达标后直接排放。

生产过程中产生的废渣固体物，通过水洗过滤方法，精制为白土后可作为固态燃料、脱水干燥等，实现废渣再利用。

产生的废气与水反应，可生成醇醚液态物，处理过程相对简单。

『学习总结』

根据所学内容，完成模型制作，并按下表进行检查，根据实现情况，给自己小星星。

总结内容	检查	给自己小星星
来源	生物柴油有哪些来源？其特点是什么？	☆ ☆ ☆ ☆ ☆
能量转换	生物质是如何变为生物柴油的？有哪些主要技术？	☆ ☆ ☆ ☆ ☆
三废处理	废水、废渣、废气如何处理？有哪些标准和要求？	☆ ☆ ☆ ☆ ☆

『学习延伸』

> **生物柴油变公交动力**

生物柴油可用于交通燃料、增塑剂、表面活性剂以及润滑剂等。传统石油资源的有限性和环保要求的逐步提高，生物柴油的应用越来越广泛，其需求不断增大。

随着城市发展，人们的出行需求越来越大，城市公交的保有量也很大。实践表明，合理利用生物质能，用生物柴油作为公交燃油，符合节能减排要求。据相关统计，上海对生物柴油的推广应用，降低污染气体排放量达 10% 以上，氮氧化物净化效率达到 80%。加注生物柴油的车辆已达千万辆次，浦东地区已基本全部使用生物柴油作为公交车动力油。上海石油在 2018 年启动了生物柴油调和设施改造项目，年产生物柴油量达 60 万 t 之多。使用生物柴油的汽车不仅工况良好，各部件的磨损减少，发动机没有积碳产生，而且车辆排放的尾气颗粒明显减少。

中国科学院大连化学物理研究所研究员王峰团队提出并在实验中实现了以一种利用光能（太阳能或人造光源）和生物质下游产品为原料，制备柴油和氢气的设想。相关论文已发表在《自然 - 能源》杂志上。

生物质（包括秸秆、林木废弃物等）是自然界中产量最大的可持续碳资源，可以替代化石资源并提供大量的生产生活用品。作为利用光能分解水生产氢气的替换方法，光催化分解生物质原料通常可以获得更高的光能利用率和产生氢气速率。但生产氢气后的生物质废弃物附加值较低，不仅浪费了资源，还污染环境。因此，发展一种既生产氢气，又能将生物质转化为有用化学品或者燃料的技术十分重要。

研究人员开发出一种利用光能来驱动生物质下游产品（甲基呋喃类化合物）同时生产氢气和原柴油两种能源的过程。该反应在常温常压下进行，获得组分丰富的原柴油。脱出该原柴油中的氧，可以得到更接近目前石油柴油的可再生高品质油品，并副产氢气。该过程在利用光能和生物质制氢后，产生的生物质产物还可以进一步加工成高品质柴油。该过程实现了光能和生物质能向氢能和柴油的定向转化，为实现只利用地表以上可再生碳资源和太阳能生产洁净能源提供创新的方法。

3.3　生物发电

『学习情境』

从点亮灯泡开始，人们的生活便离不开电能，电能为人们的生活带来了全新的定义。离开了电能，工厂生产无法进行，手机无法使用，空调无法制冷，电动汽车无法充电。现代生活中，离开了电能，人们不仅无法享受到科技带来的实惠和便利，还会造成很大的经济损失。可以想象，离开了电能，我们的生活会是什么样子。

一方面需要每个"我"和"我们"养成节约电能的意识，比如随手关灯，减少电能浪费，使用空调时调节在节能的温度等。另一方面，新的发电方式应运而生，使用生物质发电，是电能领域的新秀，生产中的固体废弃物，生活中的垃圾，农业种植中的草料、秸秆等甚至尿液均能用来发电。

我国电力发展迅速，中国是人口大国，幅员辽阔，随着科技的发展和人们生活生产方式的改变，各行业欣欣向荣，不断发展，用电量也随之增大。同时我国为农业大国，农产品丰富，生物质能丰富，不仅可用来制气、制成农业肥料，还能用来发电。

生物质能作为全能选手，在发电领域大显身手。在国家政策支持下，多地的生物质发电项目落成并投入使用。如重庆已建成的 10 座生活垃圾发电项目，河北省生物质发电容量达到 114.8 万 kW。内江市海诺尔垃圾焚烧发电项目日发电量 40 万度，每日处理垃圾达 1 050 t。

生物质能发电，不仅可提高电力供应能力，新增就业岗位，提高人民收入，而且改善了环境，可谓一举多得，那么人们是如何利用生物质发电的呢？

『学习目标』

1. 学习如何预处理生物质。

2. 学习生物质是如何发电的。

3. 学习生物质能发电的应用，感受我国生物质能技术的魅力。

『学习导航』

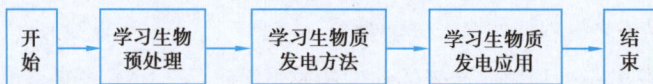

『学习探究』

1. 压缩成型

在《中华人民共和国可再生能源法》中，生物质能是指"利用自然界的植物、粪便以及城乡有机废物转化成的能源"。

农作物根茎、果皮、草料及生活有机废物，为了降低收集和储运成本，需要对用于发电的生物质原料进行烘干、破碎、成型为颗粒状、棒状燃料、块状燃料，以减轻材料质量，减小材料体积，提高燃烧性能，如图 3-15 所示。

生物质的致密成型主要由高压成型、低压成型和热压成型，高压成型单纯依靠压力将生物质挤压紧实，若添加黏结剂，则只需低压环境即可完成压缩，目前通常采用热压成型技术对生物质加热压缩成型。压缩成型后的生物质，燃料密度高、体积小、燃烧性能好，装卸、储存、运输成本更低，使用更方便。压缩成型主要通过螺旋挤压成型机、活塞冲压成型机、模辊挤压成型机等设备完成，如图 3-16 所示。

（a）收集　　　　　　　　　（b）压缩成型机

（c）生物质颗粒　　　　　　（d）块状生物质

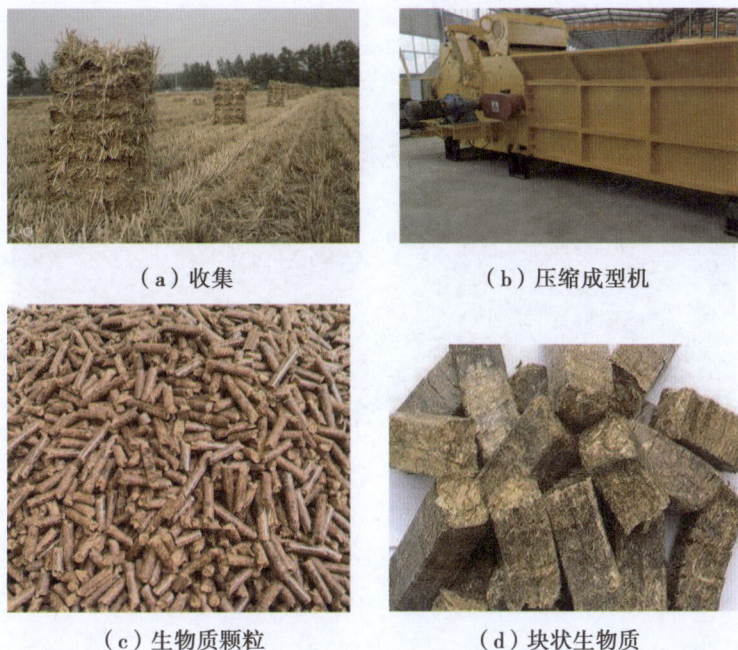

图 3-15　生物质原料的收集、压缩成型

图 3-16　压缩成型设备

　　压缩成型的生物质燃料可用于日常生活中的烧水、做饭。工业生产中工业锅炉蒸汽系统和电力领域进行并网发电。黑龙江建成的肇东生物质热电联产示范项目，每个电厂的再热机组功率达 80 MW，可年处理秸秆 62 万 t，每台机组配备的流化床锅炉容量达 130 t/h。电力转换能力达 4.8 亿 kW·h，不仅变废为宝，而且带动了大量岗位需求。

2. 发电途径

　　生物质用于发电的途径主要有三种：直接燃烧发电、气化发电、液化发电。十里泉发电厂为我国首个生物质混合燃烧型电厂，2021 年 6 月，河南省首个垃圾发电厂——鲁山县垃圾发电及生物质热电联产一体化项目生物质机组投入运行，如图 3-17 所示。

图 3-17　河南省鲁山县垃圾发电及生物质热电联产一体化项目

直接燃烧发电是在专用锅炉中直接燃烧生物质，将负压燃烧后的能量通过汽轮机和发电机转换为电能。气化发电利用化学反应，经过高温热解气化和厌氧发酵制成沼气用于发电。液化发电是将生物质缺氧燃烧制取液态可燃物用于发电系统发电。

直接燃烧所使用的锅炉类型有两种，一是采用分层燃烧技术，包括燃料层、干燥层、干馏层、氧化还原层，燃烧后的灰渣从锅炉底部排出。二是采用流化床燃烧技术，该技术的主要特点是生物质颗粒在流化状态下燃烧，燃料颗粒受炉内气流作用悬浮翻滚，燃料主要在炉内上不燃烧，炉内各层温度均匀，未完全燃烧的灰渣通过回送装置返回炉内燃烧室循环燃烧，此种方式的硫氮氧化物含量低，大大提高了生物质热能利用效率。养殖场、酿酒企业等场所均可运用流化床进行能量处理发电。循环流化床锅炉如图 3-18 所示。

图 3-18　循环流化床锅炉

生活、生产中的垃圾通过分类处理用于发电，垃圾发电有两种方式：生化方式和焚烧方式。焚烧方式将高燃值的垃圾通过直接燃烧，产生蒸汽驱动涡轮机发电，也可与燃煤进行混合燃烧发电。生化方式针对燃值低不易燃烧的有机垃圾，通过厌氧发酵制成沼气，驱动发电机发电。图 3-19 所示为沼气发酵罐。

目前我国的垃圾焚烧发电技术，垃圾燃烧灰渣不到 3%，发电效率可达 97% 以上。将灰渣用于制砖，可修建堤坝、建造房屋、铺设人行道，实现生物质能的一能多用。

将垃圾制成沼气用于发电，通常用于中小型发电场合，配合内燃机进行发电。沼气发电系统包括原料分类处理、厌氧消化，通过脱水过滤、去硫精滤一系列净化后，得到甲烷含量占比约 60% 的沼气，直接用于发电或者与柴油混合进行发电。秸秆沼气处理系统如图 3-20 所示。

图 3-19　沼气发酵罐

图 3-20　秸秆沼气处理系统

有报道表明，重庆市在垃圾分类、收集处理、发电方面已形成完善体系，59 座垃圾处理站日处理垃圾达 2.9 万 t，实现了对垃圾全无害化处理。天津市首座垃圾焚烧电厂，其发电能力达 110 kV，将生活垃圾和餐厨垃圾协同处理后发电，每日可处理垃圾 3 200 余 t。山西一垃圾发电厂，每年处理 109 万余 t 垃圾，其年发电量相当于 30 万家庭用户一年的用电量。

使用垃圾发电，不仅有效减少了垃圾堆积、倾倒导致的环境问题，而且大大减轻了电能输出压力。养成垃圾分类习惯，意义重大，垃圾分类箱如图 3-21 所示。

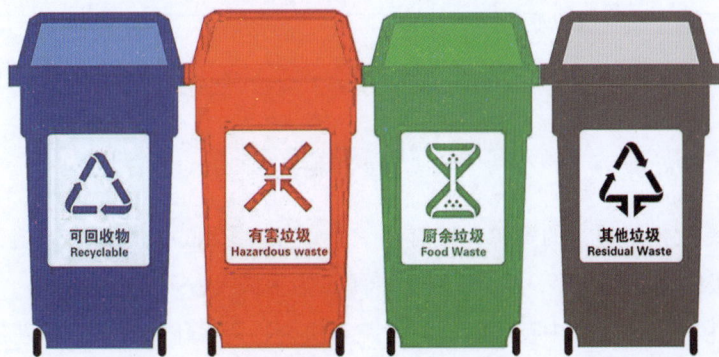

图 3-21　垃圾分类箱

想一想　　垃圾分类方法是什么？我们应该如何做好垃圾分类？

3. 生物质电池

1839 年格鲁夫提出燃料电池概念，燃料电池由阳极、阴极、电解质等组成。不同于传统的火力、水力和核发电，燃料电池主要功能并非储存电能，而是直接将化学能转化为电能的发电装置。与传统热发电模式相比，微生物燃料电池发电转换过程少，不需要燃烧制热发电，而是由外部供给燃料和氧化剂，经过微生物的作用，将电子传递到正负极板，产生电能。其具有热损耗小、电能产出效率高、污染小、可靠性高等特点。

生物质具有可再生特点。微生物燃料电池的来源十分广泛，容易获得。将生物质能通过生物燃料电池直接转化为电能，就能提供源源不断的能源。研究试验表明，秸秆、果皮、厨房废水等有机物或无机物均能转换为电能，稻草、锯末、藻类甚至有机肥料均能转换为电能。研究人员发现，血液中的糖分、奶类副产品的乳清、污水均可以用于发电，同时可为医疗用传感器提供电能。

一般阳极材料可用导电聚合物、碳材料、复合材料制成，阴极通常采用碳、石墨材料附着活化剂制成。有研究表明，生活中的菠菜可生成富碳催化剂代替传统燃料电池使用的昂贵铂材料催化剂，从而可降低燃料电池成本，改善燃料电池性能。未来生物质电池有望突破现有的电池续航能力。相信随着催化剂和电极材料研究的不断深入，微生物燃料电池应用范围将会越来越广。

『学习总结』

根据所学内容，完成模型制作，并按下表进行检查，根据实现情况，给自己小星星。

总结内容	检查	给自己小星星
预处理	生物质需要进行什么处理？方法是什么？	☆ ☆ ☆ ☆ ☆
能量转换	生物质是如何转换为电能的？	☆ ☆ ☆ ☆ ☆
意义	生物质发电具有哪些实际意义？	☆ ☆ ☆ ☆ ☆

『学习延伸』

垃圾变能源

都说垃圾是放错了地方的资源，目前，一种分布式餐厨垃圾能源化系统，就高效率地实现了餐厨垃圾的资源化利用，将其变身为能源，为手机或者平板电脑供电。

该系统是上海交通大学中英国际低碳学院有机废物资源化研究团队与新加坡国立大学合作研发的成果。将质量为 40 kg 的餐厨垃圾投入该系统内的厌氧消化罐后，经过厌氧发酵产生沼气，随后将其转化为电力和热力，输出的电能可供大约 1 000 台手机充电。

在上海交通大学与新加坡国立大学联合承担的重大国际合作项目"超大城市的能源与环境可持续发展解决方案"的支持下，该分布式餐厨垃圾能源化系统已经在新加坡国立大学率先应用。目前，该系统也正在上海交通大学中英国际低碳学院试运行，为城市发展中有机废物的能源化处理和扩大化商业化应用奠定了基础。

1. 多处理单元组合废物原地变能源

餐厨垃圾的来源非常分散，传统的做法是由垃圾车收集后进行集中式处理。但长距离的运输不仅需要高昂的成本，而且运输过程中车辆带来的废气排放、垃圾散发的臭气等一系列问题，也影响着居民的生活环境和身体健康。缓解这一问题的方法之一就是尽量减少餐厨垃圾的远距离运输。

分布式餐厨垃圾能源化系统则采用了临近垃圾产生源头的原位处理方式，将所有处理和能源转化设备集中在一个长为 6 m 的移动式集装箱内。其中，整个系统的核心是厌氧消化罐，在餐厨垃圾被泵入厌氧消化罐之前，需要经过研磨、混合等简单操作来提高后续厌氧消化处理的效果。

"按照特定的比例将厌氧微生物和餐厨垃圾混合后，在厌氧消化系统中，餐厨垃圾将会分解成沼气，随后沼气通过热电联产系统转变成电力和热力，而这些产生的电能就可以直接输出为附近人群提供手机充电以及其他服务。"该项目负责人、上海交通大学中英国际低碳学院副教授张景新介绍说。

2. 能量利用效率高实现系统自我供电

通过该分布式餐厨垃圾能源化系统，餐厨垃圾不仅可以产生电能，厌氧消化过程中产生的富含营养物质的消化物，还可以进一步加工作为肥料。但这其中，电能和热能的转化与利用效率，是团队研究者们十分关注的问题，这也直接决定着整个系统的实用性和经济性。

该团队通过对系统的调试和研究表明，整个系统产生的电能和热能能够满足其自身工作需要。由于微生物作用需要保持在最适温度下，沼气能源化产生的热量将通过加热水来使厌氧消化罐保持恒温。同时，系统产生的电能也远大于集装箱内灯光、风扇、泵、搅拌器等其他设施的耗电量，剩余的电能将被储存在电池中，用于其他用途。

"餐厨垃圾的组成成分影响着系统的发电量。组分中碳氢化合物、蛋白质、脂肪的含量越高时，产生的沼气越多，从而产生的电能也越多。"张景新介绍说。同时，经过模拟计算，该系统处理 1 t 餐厨垃圾的发电量为 200 ~ 400 kW·h，换算下来，其产生的电能能够为 1.3 万 ~ 2.6 万台手机充电。

3. 处理能力提升推进系统广泛应用

目前，在新加坡国立大学食堂附近应用该分布式餐厨垃圾能源化系统的结果表明，40 kg 餐厨垃圾足够供 1 000 台手机充电。考虑到餐厨垃圾生产量的差异，团队对系统在 200 kg 和 400 kg 的餐厨垃圾处理量的情况下进行实验测试，提高系统的每日处理能力，使系统在不同的处理量下均具有良好的处理效果和能源化效率。

数据显示，新加坡的湿垃圾回收率仅为 18%。自 2019 年上海市全面实施垃圾分类政策后，上海市湿垃圾分出量为 9 200 t/ 日，清运量为 8 200 t/ 日，而处理量仅为 5 050 t/ 日。湿垃圾产生量的快速增长和回收资源化能力不足也成为影响城市生活环境的严峻问题。

"厌氧消化系统可以有效减少有机废物和城镇温室气体的排放，并产生更多的能源，提高资源利用效率。它在实现废弃处理的同时，可以最小化自然资源、能源的消耗以及二次污染，将线性经济的概念转变为循环经济，建设可持续发展的特大城市模式。"张景新对记者说。

学习任务 4　地热能技术应用

4.1　地热发电

『学习情境』

随着化石能源的紧缺、环境压力的加大，人们对清洁可再生的绿色能源越来越重视。早在 20 世纪 40 年代，意大利的皮也罗·吉诺尼·康蒂王子在拉德雷罗首次把天然的地热蒸汽用于发电。

地热发电至今已有近百年的历史了，新西兰、菲律宾、美国、日本等都先后投入地热发电的大潮中，其中美国地热发电的装机容量居世界首位。在美国，大部分的地热发电机组都集中在盖瑟斯地热电站。盖瑟斯地热电站位于加利福尼亚州旧金山以北约 20 km 的索诺马地区。1920 年在该地区发现温泉群、喷气孔等热显示，1958 年投入多个地热井和多台汽轮发电机组，至 1985 年电站装机容量已达到 1 361 MW。20 世纪 70 年代初，在国家科委的支持下，中国各地涌现出大量地热电站。

『学习目标』

1. 知道什么是地热发电。

2. 学会地热发电的技术。

3. 了解地热发电的应用。

『学习导航』

『学习探究』

1. 地热发电

（1）地热发电的原理。地热发电是利用液压或爆破碎裂法将水注入岩层中，产生高温水蒸气，然后将蒸汽抽出地面推动涡轮机转动，从而发电。在这过程中，将一部分未利用的蒸汽或者废气经过冷凝器处理还原为水回灌到地下，循环往复。简而言之，地热发电实际上就是把地下的热能转变为机械能，然后再将机械能转变为电能的能量转变过程。地热发电的原理示意图如图 4-1 所示。

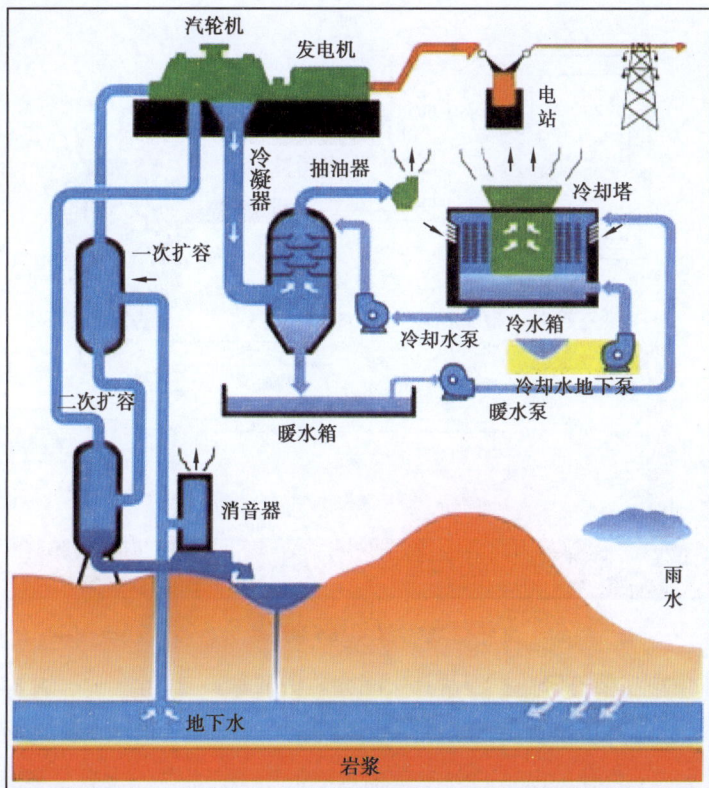

汽轮机
发电机
电站
冷凝器
抽油器
冷却塔
一次扩容
冷却水泵
冷水箱
二次扩容
暖水箱
冷却水地下泵
暖水泵
消音器
雨水
地下水
岩浆

图 4-1　地热发电的原理示意图

（2）地热发电种类。地热能是来自地球深处的可再生热能，它始于地球的熔融岩浆和放射性物质的衰变。地下水深处的循环和来自极深处的岩浆侵入地壳后，把热量从地下深处带至近表层。地热能的储量比人们所利用的能量总量还要多，大部分集中分布在构造板块边缘一带。地热能不但是无污染的清洁能源，而且如果热量提取速度不超过补充的速度，那么热能还是可再生的。

针对温度不同的地热资源，地热发电有四种基本发电方式，即直接蒸汽发电法、扩容（闪蒸法）发电法、中间介质（双循环式）发电法和全流循环式发电法。

（3）地热发电的特点。地热发电的优点是一般不需燃料，发电成本上多数情况下都比水电、火电、核电要低，设备的利用时间长，建厂投资一般都低于水电站，且不受降雨或季节变化的影响，发电稳定，可以大大减少对环境的污染，等等。

2. 地热发电技术

地热发电是把地下热能转换为机械能，然后再把机械能转换为电能的生产过程，地热能发电技术原理图如图 4-2 所示。根据地热能的赋存形式，把热能可分为蒸汽型、热水型、干热岩型、地压型和岩浆型等五类。从地热能的开发和能量转换的角度来说，上述五类地热资源都可以用来发电，但目前开发利用得较多的是蒸汽型及热水型两类资源。

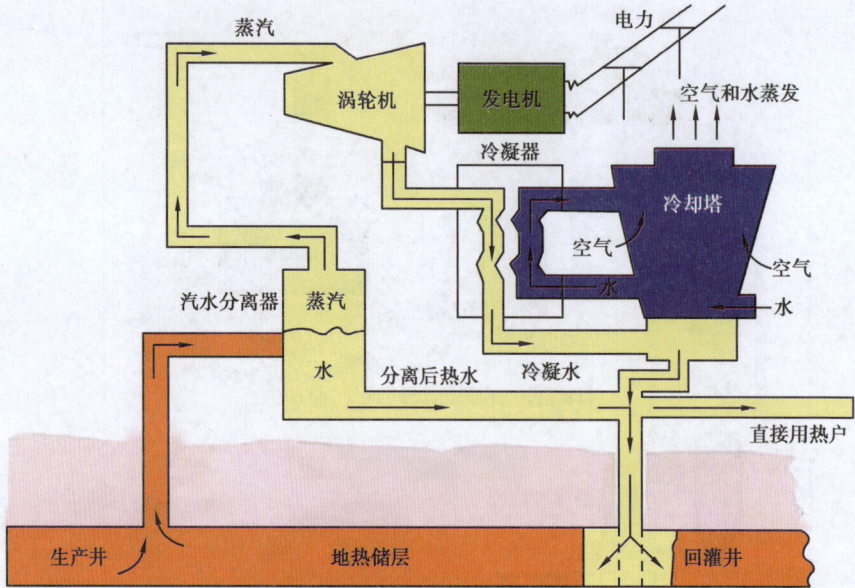

图 4-2　地热能发电技术原理图

利用地下热水发电主要有降压扩容法和中间介质法两种。

（1）降压扩容法。降压扩容法是根据热水的汽化温度与压力有关的原理而设计的，如在 0.3 绝对大气压下水的汽化温度是 68.7 ℃。通过降低压力而使热水沸腾变为蒸汽，以推动汽轮发电机转动而发电。

（2）中间介质法。中间介质法是采用双循环系统即利用地下热水间接加热某些"低沸点物质"来推动汽轮机做功的发电方式。如在常压下水的沸点为 100 ℃，而有些物质如氯乙烷和氟利昂在常压下的沸点温度分别为 12.4 ℃及 –29.8 ℃，这些物质被称为"低沸点物质"。根据这些物质在低温下沸腾的特性，可将它们作为中间介质进行地下热水发电。利用中间介质发电方法，既可以用 100 ℃以上的地下热水（汽），也可以用 100 ℃以下的地下热水。对于温度较低的地下热水来说，采用降压扩容法效率较低，而且在技术上存在一定困难，而利用中间介质法则较为合适。

以上这两种方法都有它们各自的优缺点。地热发电仍是一个新的课题，其发电的方法仍在不断探索中。

地下热水往往含有大量的腐蚀性气体，其中危害性最大的是硫化氢、二氧化碳、氧气等，它们是导致腐蚀的主要因素，这些气体进入汽轮机、附属设备和管道，使其受到强烈的腐蚀。此外，地下热水中含有结垢的成分，如硅、钙、镁、铁等，以及对结垢有影响的气体，如二氧化碳、氧气和硫化氢等，产生的结垢经常以碳酸钙、二氧化硅等化合物出现。因此，在利用地下热水发电中要充分注意解决腐蚀和结垢问题。

3. 地热蒸汽发电系统

地热蒸汽发电系统是利用地热蒸汽推动汽轮机运转，产生电能。地热蒸汽发电系统技术成熟、运行安全可靠，是地热发电的主要形式。西藏羊八井地热电站采用的便是这种形式。

（1）双循环发电系统。双循环发电系统也称有机工质朗肯循环系统。它以低沸点有机物为工质，使工质在流动系统中从地热流体中获得热量，并产生有机质蒸汽，进而推动汽轮机旋转，带动发电机发电。

（2）全流发电系统。全流发电系统将地热井口的全部流体，包括所有的蒸汽、热水、不凝气体及化学物质等，不经处理直接送进全流动力机械中膨胀做功，其后排放或收集到凝汽器中。这种形式可以充分利用地热流体的全部能量，但技术上有一定的难度，尚在攻关。

（3）干热岩发电系统。利用地下干热岩体发电的设想，是美国人莫顿和史密斯于 1970 年提出的。1972 年，他们在新墨西哥州北部打了两口约 4 000 m 的深斜井，从一口井中将冷水注入干热岩体，从另一口井取出自岩体加热产生的蒸汽，功率达 2 300 kW。进行干热岩发电研究的还有日本、英国、法国、德国和俄罗斯，但迄今尚无大规模应用。

4. 中国地热发展

（1）中国地热蒸汽发电系统的发展。中国地热资源多为低温地热，主要分布在福建、广东、湖北、山东、辽宁等省；有利于发电的高温地热资源，主要集中在地中海 – 喜马拉雅地热带通过的西藏南部、四川和云南的西部地区。据统计，喜马拉雅山地带高温地热有 255 处 5 800 MW。迄今运行的地热电站有 5 处共 27.78 MW，中国尚有大量高低温地热，尤其是西部地热亟待开发地热发电信息。

中国最著名的地热发电站位于拉萨市西北 90 km 当雄县境内的羊八井镇（图 4-3），据介绍，这里有规模宏大的喷泉与间歇喷泉、温泉、热泉、沸泉、热水湖等，地热田面积达 17.1 km^2，是我国目前已探明的最大高温地热湿蒸汽田，这里的地热水温度保持在 47 ℃左右，是我国大陆开发的第一个湿蒸汽田，也是世界上海拔最高的地热发电站。过去，这里只是一块绿草如茵的牧场，从地下汩汩冒出的热水奔流不息、热汽日夜蒸腾。1975 年，西藏第三地质大队用岩心钻在羊八井打出了我国第一口湿蒸汽井，第二年我国大陆第一台兆瓦级地热发电机组在这里成功发电。

位于藏北羊井草原深处的羊八井地热电站，是我国目前最大的地热试验基地，也是当今世界唯一利用中温浅层热储资源进行工业性发电的电厂，同时，羊八井地热电站还是藏中电网的骨干电源之一，年发电量在拉萨电网中占 45%。

图 4-3　羊八井地热电站

　　要推进我国地热产业健康发展，需从以下四个方面入手：

　　一是合理规划地热资源的开发利用，引导和规范产业发展。地热能资源虽属可再生资源，但再生需要一定条件，而且不能无限再生。要保持能源的长期稳定性，让人民群众永享大自然的福赐，就必须把节约性保障措施放在优先位置统筹考虑，大力倡导"在保护中开发、在开发中保护"的发展模式。这就需要有关部门必须做好地热产业产能布局和产业链的规划工作，将重点放在高精尖技术的突破上，避免地热产业链盲目集中于技术含量不高的环节，造成局部产能过剩、全行业整体竞争力不强的局面。同时，在国家发展规划中要明确地热资源的利用率比例、地热资源在能源消费中的比例等指标，并与节能减排目标相结合。此外，要协调好地方政府发展规划和地热发展的相关规划，使之与国家总体规划保持一致，避免地方政府盲目上项目、过度投资。

　　二是积极开展浅层地热能资源勘查评价，促进产业可持续发展。地热能特别是浅层地热能资源，采用何种方式开发、可能利用的量、长期利用后对环境的影响程度等，受到当地具体水文地质条件（地下水埋藏条件、地层结构、含水地层的渗透性、地下水水质等）的限制，只有将这些条件查清楚，才能对浅层地热能的利用方式做出正确的选择。因此，当前应先从平原区的重点城市起步，开展以 1：10 万比例尺精度为主体的勘查评价工作，以原来开展的水文地质勘查成果为基础，补充必要的获取岩土体热传导率、渗透率等参数的勘查工作。在勘查评价的基础上，编制浅层地热能开发利用规划，进行合理布局，确定适宜开发利用的地区，圈定不同利用方式（地下水、地埋管）的地段，提出合理的开发利用规模、防治地质灾害和环境地质问题的措施。

　　三是创造良好的政策环境，支持地热产业发展。地热能特别是浅层地热能开发利用，最初投资较高，但运行管理费用低并具有清洁、高效、节能的特点，是具有很好的开发前景和可持续利用的清洁能源。为此，政府可以通过建立地热能资源专项资金、补贴、投资退税或生产减税等优惠政策，降低地热产业发展的前期资金成本。当然，从地热产业的可持续发展考虑，这些支持措施既要适度又要适时，还要根据产业发展周期采取不同的优惠措施，从而促使地热产业从依靠政策扶持发展到具有自身竞争机制的成熟产业。此外，要理顺体制机制，加强政府各部门的组织协调，建立良好的制度环境。

四是加大地热开发利用的技术创新，完善技术支撑体系。要尽快建立国家级研发平台，加强技术研发工作以提高创新能力；要将地热资源的有效利用列入各级政府的产业发展和科研攻关计划，增加投入，纳入预算；要促进企业和科研单位结成战略伙伴关系、建立创新联盟，使创新覆盖整个产业链的所有重要环节；要制定相关的技术标准、规范，规范地热能资源的开发利用；要在技术上吸收国外成功的先进经验（如开采与回灌技术、发电与热利用技术），引进用于中低温地热利用的热泵技术，实现地热资源的梯级综合利用，提高地热能源的利用率，进而保护生态平衡，实现可持续发展。

（2）我国地热蒸汽发电系统发展前景。能源专家们认为，环保的地热发电将在今后有强劲的发展前景。据德国媒体报道，瑞士能源学家威利·格尔推崇的一项新的地热发电法叫作"热干岩过程法"。与那些只从火山活动频繁地区的温泉中提取热能的方法相比，这种"热干岩过程法"将不受地理限制，可以在任何地方进行热能开采。首先将水通过压力泵压入地下 4 ~ 6 km 深处，在此处岩石层的温度大约在 200 ℃。水在高温岩石层被加热后通过管道加压被提取到地面并输入一个热交换器中。热交换器推动汽轮发电机将热能转化成电能，而推动汽轮机工作的热水冷却后再重新输入地下供循环使用。

格尔介绍说："运用这种新方法发电的首座商用发电厂将在瑞士城市巴塞尔建成。该电站将能为周边的 5 000 个家庭提供 30 MW 热能和 3 MW 电能。"格尔强调，这种地热发电成本与其他再生能源的发电成本相比是有竞争力的，而且这种方法在发电过程中不产生废水、废气等污染，所以它是一种未来的新能源。另一个好处是，地热几乎是取之不尽、用之不竭的，并能随时随地被利用。

这位能源专家同时也提出，与技术问题相比，地热的广泛利用更是一个意识问题。他说："我们明知是坐在一个几乎取之不尽的能量源上，却不愿意在我们脚下挖上几公里，而更喜欢从几千公里远处背回石油、天然气和煤炭。"

『学习总结』

根据所学内容，完成模型制作，并按下表进行检查，根据实现情况，给自己小星星。

总结内容	检查	给自己小星星
地热发电原理	知道什么是地热发电及发电原理	☆ ☆ ☆ ☆ ☆
地热发电技术	知道地热发电的技术和方法	☆ ☆ ☆ ☆ ☆
地热蒸汽发电系统	知道地热蒸汽发电系统及我国的地热蒸汽发电系统的发展及前景	☆ ☆ ☆ ☆ ☆

『学习延伸』

1.地热能发电系统的利用

国外对地热能的非电力利用，也就是直接利用，十分重视。因为进行地热发电，热效率低，温度要求高。所谓热效率低，就是说，由于地热类型的不同，所采用的汽轮机类型的不同，热效率一般只有 6.4% ~ 18.6%，大部分的热量被白白地消耗掉。所谓温度要求高，就是说，利用地热能发电，对地下热水或蒸汽的温度要求，一般都要在 150 ℃以上，否则将严重地影响其经济性。而地热能的直接利用，不但能量的损耗要小得多，并且对地下热水的温度要求也低得多，在 15 ~ 180 ℃这样宽的温度范围均可利用。在全部地热资源中，这类中低温地热资源是十分丰富的，远比高温地热资源大得多。但是，地热能的直接利用也有其局限性，由于受载热介质——热水输送距离的制约，一般来说，热源不宜离用热的城镇或居民点过远；不然，投资多，损耗大，经济性差，是划不来的。

地热能的直接利用发展十分迅速，已广泛应用于工业加工、民用采暖和空调、洗浴、医疗、农业温室、农田灌溉、土壤加温、水产养殖、畜禽饲养等多个方面，收到了良好的经济技术效益，节约了能源。地热能的直接利用，技术要求较低，所需设备也较为简易。在直接利用地热的系统中，尽管有时因地热流中的盐和泥沙的含量很低而可以对地热加以直接利用，但通常都是用泵将地热流抽上来，通过热交换器变成热气和热液后再使用。这些系统都是最简单的，使用的是常规的现成部件。

地热能直接利用中所用的热源温度大部分都在 40 ℃以上。如果利用热泵技术，温度为 20 ℃或低于 20 ℃的热液源也可以被当作一种热源来使用（例如美国、加拿大、法国、瑞典及其他国家的做法）。热泵的工作原理与家用电冰箱相同，只不过电冰箱实际上是单向输热泵，而地热泵则可双向输热。冬季，它从地球提取热量，然后提供给住宅或大楼（供热模式）；夏季，它从住宅或大楼提取热量，然后又提供给地球储存起来（空调模式）。不管是哪一种循环，水都是加热并储存起来，发挥了一个独立热水加热器全部或部分的功能。

由于电流只能用来传热，不能用来产生热，因此地热泵将可以提供比自身消耗的能量高 3 ~ 4 倍的能量。它可以在很宽的地球温度范围内使用。在美国，地热泵系统每年以 20% 的增长速度发展，而且未来还将以两位数的良好增长势头继续发展。据美国能源信息管理局预测，到 2030 年地热泵将为供暖、散热和水加热提供高达 68 Mt 油当量的能量。

对于地热发电来说，如果地热资源的温度足够高，利用它的最好方式就是发电。发出的电既可供给公共电网，也可为当地的工业加工提供动力。正常情况下，它被用于基本负荷发电，只在特殊情况下，才用于峰值负荷发电。其理由，一是对峰值负荷的控制比较困难，再就是容器的结垢和腐蚀问题，一旦容器和涡轮机内的液体不满和让空气进入，就会出现结垢和腐蚀问题。

地热能直接利用于烹饪、沐浴及暖房，已有悠久的历史。至今，天然温泉与人工开采的地下热水，仍被人类广泛使用。据联合国统计，世界地热水的直接利用远远超过地热发电。中国的地热水直接利用居世界首位，其次是日本。

地热水的直接用途非常广泛，主要有采暖空调、工业烘干、农业温室、水产养殖、温泉疗养保健等。

2. 地热能发电系统的发展现状

相对于太阳能和风能的不稳定性，地热能是较为可靠的可再生能源，这让人们相信地热能可以作为煤炭、天然气和核能的最佳替代能源。另外，地热能确实是较为理想的清洁能源，其蕴藏丰富并且在使用过程中不会产生温室气体，对地球环境不产生危害。

美国的地热能使用仅占全国能源组成的 0.5%。据麻省理工学院的一份报告指出，美国现有的地热系统每年只采集约 3 000 MW 能量，而保守估计，可开采的地热资源达到 10 万 MW。相关专家指出，倘若给予地热能源相应的关注和支持，在未来几年内，地热能很有可能成为与太阳能、风能等量齐观的新能源。

和其他可再生能源起步阶段一样，地热能形成产业的过程中面临的最大问题来自技术和资金。地热产业属于资本密集型行业，从投资到收益的过程较为漫长，一般来说较难吸引到商业投资。可再生能源的发展一般能够得到政府优惠政策的支持，例如税收减免、政府补贴以及获得优先贷款的权利。在相关优惠政策的指引下，投资者们将更有兴趣对地热项目进行投资建设。

地热能的利用在技术层面上有待发展的主要是对开采点的准确勘测，以及对地热蕴藏量的预测。由于一次钻探的成本较高，找到合适的开采点对地热项目的投资建设至关重要。地热产业采取引进石油、天然气等常规能源勘测设备，为地热能寻找准确的开采点。

世界其他国家和地区也在为地热能的发展提供更多的便利和支持。全球大约 40 多个国家已经将地热能发展列入议程。

联合循环地热发电系统的最大优点是，可以适用于大于 150 ℃的高温地热流体（包括热卤水）发电，经过一次发电后的流体，在并不低于 120 ℃的工况下，再进入双工质发电系统，进行二次做功，这就是充分利用了地热流体的热能，既提高发电的效率，又能将以往经过一次发电后的排放尾水进行再利用，大大地节约了资源。

根据《世界地热发电进展》指出，目前有 50 多个国家进行地热能开发利用，其中有 31 个国家有地热发电厂在运行，美国、印度尼西亚、菲律宾和土耳其是地热发电利用前四的国家。

中国的地热发电规模仍较小。《世界地热发电进展》显示，中国地热发电在发展初始阶段未得到类似风能、太阳能发电的价格补贴，地热发电规模较小、增长缓慢。截至 2021

年底，中国运行的地热发电仅有约 16 MW。

3. 世界地热能发电

目前，地热能发电在全球范围内已经取得了显著的进展。全球许多国家和地区都开展了大规模的地热能发电项目，如美国、冰岛、菲律宾等地，利用地热能发电已经成为这些地区重要的能源供应来源。

具体来说，截至 2024 年，全球地热能发电装机容量已经达到了 15 吉瓦（GW），其中大部分新增的地热能源来自印度尼西亚、肯尼亚和智利。此外，根据另一份报告，到 2024 年，全球地热能发电装机容量也达到了 14 GW，同比增长了 4%。

在各国地热能源开发中，冰岛是地热供暖最先进的国家。该国首都雷克雅未克在 20 世纪 90 年代已实现 100% 地热供暖，成为全球第一个无烟城市。此外，许多国家也通过实施相关研发和贷款担保计划等降低地热开发成本和风险。

美国南卫理公会大学地热实验室的研究人员最新测绘发现，美国境内地热发电能力超过 300 万 MW，是燃煤的 10 倍。美国地热资源协会统计数据表明，美国利用地热发电的总量为 2 200 MW，相当于 4 个大型核电站的发电量。虽然美国地热资源储量大得惊人，但利用率不足 1%，主要原因是现有的地热开发技术成本太高，平均每钻入地下 1 英里（1 英里 ≈ 1.6 km）就需要几十个金刚石钻头，而一个钻头至少要 2 000 美元，因此地热的发展相对较为缓慢。

印度尼西亚地热能源已探明储量达 2 700 万 kW，占全球地热能源总量的 40%。政府大力倡导使用地热能并定下指标，到 2025 年利用多样化能源，其中石油的使用量占 20%，远远低于目前的 52%，地热用量将增至 5%。为了加快地热能源的开发利用，印度尼西亚不仅出台了专门的政府法令，同时也积极地吸引投资。2008 年，总统苏西洛宣布了 4 项热力发电站工程正式启动，总投资额 3.26 亿美元。

冰岛所有电力都来自水电、地热发电等清洁能源，同时该国还建起了完整的地热利用体系，所有供暖系统也都使用地热。利用地热还有助于减少二氧化碳排放。按照冰岛国家能源局的数据，如果每年用在取暖上的石油为 64.6 万 t，用地热取代石油，冰岛可以减少 40% 的二氧化碳排放。得益于水力和地热资源的开发，冰岛现在已成为世界上最洁净的国家之一。

日本作为火山岛国，地热资源量为 2 347 万 kW。日本自大地震引发的核电站事故以来，为了确保国内电力供应，大幅增加海外燃料用资源进口，随着国际能源价格的上涨，电力公司不得不上调电价。为了缓解企业和居民的用电负担，日本出台《再生能源法案》，鼓励自主发电的同时，还加快了地热发电等再生能源开发利用的步伐。

4.2　地热康养

『学习情境』

　　地热水含有丰富的对人体健康有益的多种矿物质元素，具有较高的医疗保健价值，在我国利用温泉热水进行医疗保健的历史已经非常悠久（图 4-4 所示）。我国在 20 世纪 50 年代已建成上百座温泉疗养院（所），据不完全统计，在 2008 年之前我国就已建成温泉地热水疗养院 200 余处，突出医疗利用的温泉浴疗有 430 处，而且每年都以 10% 的速度增长。除疗养院外，在已经开发利用的地热田中，全部或部分用于洗浴方面约占地热田总数的 60% 以上。

图 4-4　地热康养

『学习目标』

　　1. 知道什么是地热康养。

　　2. 学会地热供暖的技术。

　　3. 了解地热疗养的应用。

『学习导航』

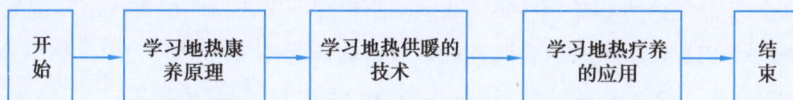

『学习探究』

　　1. 地热康养

　　地热在医疗领域的应用有诱人的前景，尤其是在地热康养上。目前地热矿水就被视为一种宝贵的资源，世界各国都很珍惜。地热水本身具有较高的温度，含有多种化学成分、少量的生物活性离子以及少量的放射性物质，对人体可起到保健、抗衰老作用，对风湿病、关节炎、心血管疾病、神经系统疾病、妇女病等慢性疾病有特殊的疗效，具有很高的医疗价值。如含碳酸的矿泉水供饮用，可调节胃酸、平衡人体酸碱度；含铁矿泉水饮用后，可治疗缺铁性贫血症；氢泉、硫水氢泉洗浴可治疗神经衰弱和关节炎、皮肤病等。由于温泉的医疗作用及伴随温泉出现的特殊的地质、地貌条件，使温泉常常成为旅游胜地，吸引大批疗养者和旅游者。在日本就有1 500多个温泉疗养院，每年吸引1亿人到这些疗养院休养。我国利用地热治疗疾病的历史悠久，含有各种矿物元素的温泉众多，因此充分发挥地热的医疗作用，发展温泉疗养行业是大有可为的。

2017年3月21日，由内蒙古自治区第七地质矿产勘查开发院承担的自治区地质勘查基金项目——托县地区地热勘查项目地热井成功出水，这是呼和浩特地区地热勘查的又一重大突破，是托克托县首个医疗热矿泉水标准地热井，该地热井地处呼包鄂腹地，毗邻黄河，地理位置优越，开发利用条件良好，对托县地区开发利用地热资源、发展低碳经济、发展旅游业及其他相关产业有重要意义。

2017年6月海南水文地质工程地质勘察院承担的海南省公益性、基础性地质项目"海南岛西南部裂隙型地热资源勘查评价（Ⅰ期）"，在三亚崖城地区新发现具有开发利用价值的地热田，可提供优质医疗热矿水，为海南国际旅游岛建设增添了重要的地质资源。

我国藏南、滇西、川西及台湾一些高温温泉和沸泉区，不仅拥有高能位地热资源，同时还拥有绚丽多彩的地热景观。如云南省腾冲是保存完好的火山温泉区，拥有火山、地热景观及珍贵的医疗矿泉水价值；台湾地区的大屯火山温泉区也是温泉疗养和旅游观光胜地。

2. 地热康养的特点

地热康养运用广泛，其优点首先是健康舒适，因为地表温度均匀，给人以脚温头凉的舒适感觉，改善血液循环，促进新陈代谢，而且不易造成污浊的空气对流，使空气洁净。其次是高效节能，地暖热量集中在人体受益的高度内，且热量在传送过程中损失较小。

3. 地热的其他运用

（1）地热养殖。地热养殖是指利用地热水进行鱼、虾等名贵水产和动物的亲本保种、苗种早繁越冬，延长生长期和冬季养殖。我国地热资源非常丰富，已发现出露温泉2 334处，在册地热开采井5 818眼。中国地质调查局区域地热调查成果显示，我国水热型地热资源折合标准煤1.25万亿 t，每年可开采量折合标准煤18.65亿 t。我国地热养殖在北京、天津、福建、广东等地起步较早，现已遍及20多个省(区、市)的47个地热田，建有养殖场约300处，鱼池面积约445万 m^2。

全国水产养殖耗水量占比较大，每年成年鱼繁殖能力比在普通水域养殖的鱼大100多倍。大量的新鲜鱼类等畅销海内外，取得了显著经济效益并提高了农民收入。如北京昌平小汤山地热田，由县畜牧水产局在该地建有两处水产养殖场，年产值20万 kg，启用8个地热井，年耗水 120 万 m³，亩平均年耗地热水 5 800 m³。产鱼每千克耗地热水 6.0 m³。估计全国用于水产养殖所消耗的地热水 1 400 万 m³ 左右。

（2）地热种植。利用地热资源非常适合生物的反季节、异地养殖与种植。利用地热能可以为温室供暖，地热水中的矿物质还可以为生物提供所需的养分。用于农业的地热水，主要为低矿化、低温（40 ℃以下）地热水。在我国北方，地热主要用于种植较高档的瓜果类、菜类、食用菌、花卉等。

（3）地热工业。我国地热工业生产目前主要用于纺织印染、洗涤、制革、造纸与木材、粮食烘干等，部分地热水还可提取工业原料，如腾冲热海硫黄塘采用淘洗法取硫黄，洱源县九台温泉区挖取芒硝和自然硫。使用地热水印染、缫丝，可以使产品的色泽鲜艳，着色率高，手感柔软，富有弹性。在生产过程中，由于节省了软化水处理费，也相应降低了产品的成本。华北油田利用封存的油井深部奥陶系进行地热水伴热输油，完全替代了锅炉热水伴热输油，取得了明显的经济效益和社会效益。

（4）地热农业。地热在农、林、牧、副、渔业方面有更广泛的利用。在农业上主要用于地热温室、培育良种、种植蔬菜和花卉、鱼苗越冬和孵化等方面。

地热在农业中的应用范围十分广阔。如利用温度适宜的地热水灌溉农田，可使农作物早熟增产；利用地热水养鱼，在 28 ℃水温下可加速鱼的育肥，提高鱼的出产率；利用地热建造温室，进行育秧、种菜和养花；利用地热给沼气池加温，提高沼气的产量等。

将地热能直接用于农业在我国日益广泛，北京、天津、西藏和云南等地都建有面积大小不等的地热温室。如北京的小汤山地热联营开发公司用地热温室种植绿菜花、紫甘蓝、玻璃生菜等优特种蔬菜，丰富了人民的菜篮子，为改善和提高广大人民群众的生活水平作出很大贡献。

各地还利用地热大力发展养殖业，如培养菌种，养殖非洲鲫鱼、鳗鱼、罗非鱼、罗氏沼虾等。

综上所述，地热能是一种应用前景十分广阔的新能源。通过长期的利用实践，人们认识到在地热资源的开发利用中应根据资源条件，贯彻"因地制宜，合理开采，避免浪费，综合利用，提高热能利用率"的方针。可喜的是随着我国社会经济的发展，地热能的开发水平逐步提高，已从单一的粗放型利用向综合的集约化利用发展，它必将为我国社会主义现代化建设做出更大的贡献。

『学习总结』

根据所学内容，完成模型制作，并按下表进行检查，根据实现情况，给自己小星星。

总结内容	检查	给自己小星星
地热康养的原理	知道什么是地热康养，以及特点有哪些	☆ ☆ ☆ ☆ ☆
地热供暖的技术和方法	知道地热供暖的技术和方法	☆ ☆ ☆ ☆ ☆
地热蒸疗养	知道地热蒸疗养的应用	☆ ☆ ☆ ☆ ☆

『学习延伸』

地源热泵

地源热泵又称地源中央空调，可从土壤中吸收热量或提取冷量送入室内释放，达到空调的效果。在夏季，地源热泵把室内的热量"取"出来释放到土壤中去，并且常年能保证地下温度的均衡；在冬季，把土壤中的热量"取"出来，供给室内用于采暖，提高了空调系统全年的能源利用效率。热泵就像泵把水从地下抽上来那样，是将热从低温往高温转移的装置。地中热热泵是从地下吸收热或将地中热放出的设备，不管热是来自大气或是地中，其工作原理和空调都一样。地中热利用热泵有地中热交换型、地下水利用型、地表水利用型等。

地源热泵是利用浅层地能进行供热制冷的新型能源利用技术。它与使用煤、气、油等常规供热制冷方式相比，具有清洁、高效、节能等诸多优势。因地制宜发展地源热泵系统，有利于优化能源结构，促进多能互补，显著提高能源利用效率。

地源热泵有如下四大优点：

第一，从运行效率的角度讲，热泵机组的高效库在供暖模式上用运行系数 COP 来表示，它是输出能量与输入能量（电能）之比，目前热泵机组的 COP 一般都能达到 3 ~ 4，即热泵的效率是 300% ~ 400%，而空调机（空气—空气热泵）的效率是 200%，电的效率是 100%，燃油的效率是 90%，燃煤的效率是 55%，因此热泵的效率是最高的。

第二，从环保的角度讲，热泵作为供热装置可以减少全球 6% 以上的二氧化碳排放量，它是目前市场上可获得的减少二氧化碳排放量最大的单项技术之一。虽然热泵本身不排放二氧化碳，但电厂发电时的二氧化碳排放有 1/4 ~ 1/3 要算在热泵的账上，所以热泵虽有少量二氧化碳排放，但没有其他污染产生。

第三，从工程难易程度的角度讲，地热热泵利用浅层地温的能源只需要钻 50 ~ 100 m 深的孔，有的地方或许需要 200 m 深，但比起地热井要钻 100 ~ 300 m 来就经济、简易得多。

第四，从可操作性角度讲，浅层地温能的资源条件到处具备，不像地热井那样受到地域局限，它基本上是普遍适用于世界各地，哪怕是寒带也无妨。另外，地源热泵的换热部分为地下工程，可分设于绿地、车场、道路等建筑物周边任何可利用的空间内，不占用土地资源。

虽然地源热泵利用历史不长，但推广很快，目前，美国、日本、德国、法国、瑞典等许多发达国家都在广泛使用地源热泵技术。这项技术被许多空调专家认定为是 21 世纪最有效的空调技术之一。

5.1　核能发电

『学习情境』

　　1896 年，法国物理学家贝克勒尔通过大量实验，发现了铀的放射性。1902 年，居里夫人提炼出了另一种放射性元素镭。在居里夫人发现镭以后不久，物理学家卢瑟福就指出，放射性元素在释放看不见的射线后，会变成别的元素，在这个过程中，原子的质量会有所减轻。爱因斯坦 1905 年在提出相对论时指出，物质的质量和能量是同一事物的两种不同形式，质量可以消失，但同时会产生能量。两者之间有一定的定量关系：转化成的能量 E 等于损失的质量 m 乘以光速 c 的平方，即 $E=mc^2$。当较重的原子核转变成较轻的原子核时会发生质量亏损，损失的质量转换成巨大的能量，这就是核能的本质。

　　近年来，随着世界能源需求的增长，矿石燃料逐渐耗尽，世界气候变暖，各国都努力争取 2060 年前实现碳中和，而再生能源技术尚未完全成熟，包括美国、法国、俄国、日本、加拿大等国家，以及绝大多数发展中国家和东欧经济转型国家，都把核电作为今后重要的能源选择之一，正在积极建造新的核电机组或开发新的核电技术。

　　核裂变，又称核分裂，是指由重的原子核（主要是指铀核或钚核）分裂成两个或多个质量较小的原子的一种核反应形式。原子弹或核能发电厂的能量来源就是核裂变。其中铀裂变在核电厂最常见，当热中子轰击铀 –235 原子后，一个铀核吸收了一个中子可以分裂成两个较轻的原子核，在这个过程中质量发生亏损，因而放出很大的能量，并产生两个或三个新的中子，新中子再去撞击其他铀 –235 原子，从而形成链式反应。

　　核聚变如图 5–1 所示。

　　一位小学六年级的张同学对核能发电很有兴趣，你能给他讲明白吗？

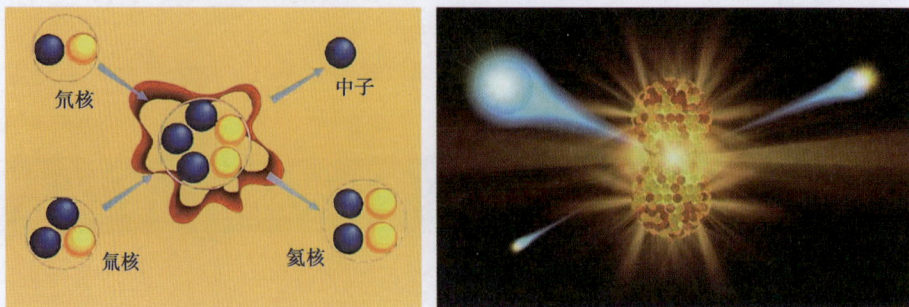

图 5-1 核聚变

『学习目标』

1. 学习原子核。

2. 学习核能发电的原理。

3. 学习核能发电给我们的生活、环境都带来了哪些便利。

『学习导航』

『学习探究』

1. 原子核

原子由位于中心的原子核和围绕原子核运动的若干电子组成，如图 5-2 所示，原子核由质子和中子组成，统称为核子，电子质量只有核子的 1/1 840，原子质量几乎全部集中在原子核上。

原子核内质子和中子的总数称为核子数或质量数，用 A 表示。

原子核的质子数或核外电子数决定了元素的化学性质，称为元素原子序列，用 Z 表示。

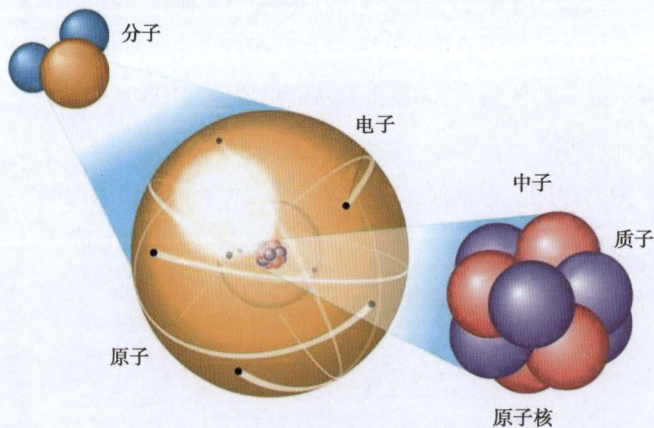

图 5-2 原子的组成

　　原子核极小，体积只占原子体积的几千亿分之一，但原子核的密度极大，在极小的原子核里集中了 99.96% 以上原子的质量。而且原子核的能量极大，构成原子核的质子和中子之间存在着巨大的吸引力，能克服质子之间所带正电荷的斥力而结合成原子核，使原子在化学反应中原子核不发生分裂。当一些原子核发生裂变或聚变时，会释放出巨大的原子核能，即原子能。

　　核能（原子能）是通过转化其质量从原子核释放的能量，符合阿尔伯特·爱因斯坦的方程 $E=mc^2$。其中，E 为能量，m 为质量，c 为光速常量。

　　原子核的结合能是由质量转化为能量的，既然一个原子由它的一定数量的质子、一定数量的中子、一定数量的电子所组成，那么一个原子的质量就应当是它所含的质子、中子、电子的质量之和。而实际上测得的这个原子的质量要小一些，这个原子应有质量和实际质量之差为质量亏损。由于这些质量转化为能量，而形成核力或结合能，因此可以从质量亏损计算出结合能。

　　核能的反应方式有核裂变、核聚变、核衰变三种方式。

　　（1）核裂变。核裂变又称核分裂，是指由重的原子，主要是指铀或钚分裂成较轻的原子的一种核反应形式。原子核在发生裂变时，释放出巨大的能量称为原子核能，俗称原子能。原子弹以及裂变核电站（或是核能发电厂）的能量来源都是核裂变。其中铀裂变在核电厂最常见，加热后铀原子放出 2 ~ 4 个中子，中子再去撞击其他原子，从而形成链式反应而自发裂变。撞击时除放出中子还会放出热，再加快撞击，但如果温度太高，反应炉会熔掉，而演变成反应炉熔毁造成严重灾害，因此通常会放控制棒（硼制成）去吸收中子以降低分裂速度。

　　铀 235 裂变反应图如图 5-3 所示。

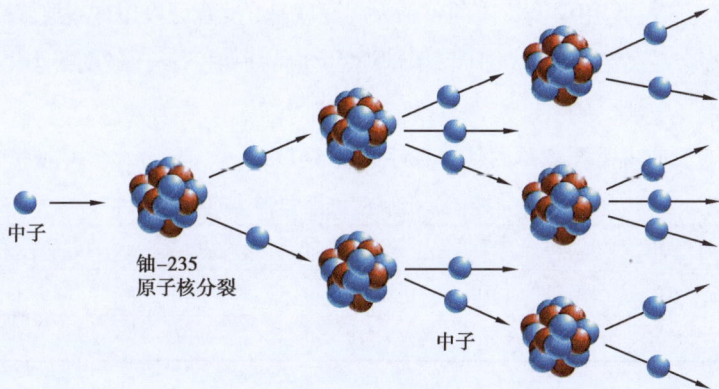

图 5-3　铀 235 裂变反应图

　　核裂变按分裂的方式可分为自发裂变和感生裂变。自发裂变是没有外部作用时的裂变，类似于放射性衰变，是重核不稳定性的一种表现；感生裂变是在外来粒子（最常见的是中子）轰击下产生的裂变。

（2）核聚变。核聚变是指由质量小的原子，主要是指氘或氚在一定条件下（如超高温和高压）发生原子核相互聚合作用，生成新的质量更重的原子核，并伴随着巨大的能量释放的一种核反应形式。如图 5-4 所示，除了重原子核铀 235、钚 239 等的裂变能释放核能，还有另一种核反应，即轻原子核（氘和氚）结合成较重的原子核（氦）时也能放出巨大能量。

核聚变的原理：在标准的地面温度下，物质的原子核彼此靠近的程度只能达到原子的电子壳层所允许的程度。因此，原子相互作用中只是电子壳层相互影响。带有同性正电荷的原子核间的斥力阻止它们彼此接近，结果原子核没能发生碰撞而不发生核反应。参加聚变反应的原子核必须具有足够的动能，才能克服这一斥力而彼此靠近。提高反应物质的温度，就可增大原子核动能。

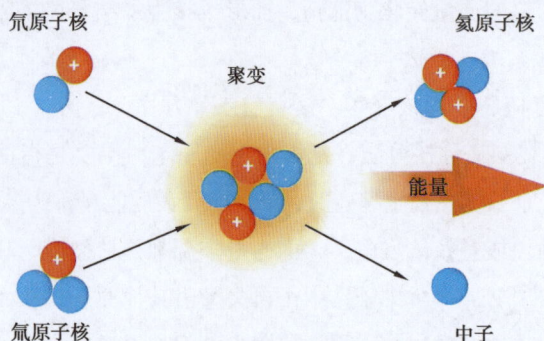

氘原子核　　　　　　　　　　　　氦原子核

聚变

能量

氚原子核　　　　　　　　　　　　中子

图 5-4　核聚变反应

但目前，科学家也已研究出了其他一些方法，比如：用多束激光照在同一个点上，就可以产生出超高温等。利用聚变反应的另一大问题就是，没有可以用来盛放聚变反应的物质，地球上的物质都会在高温下熔化。但是由于聚变反应的辐射污染比裂变要小得多，所以科学家还在不断探索当中。

可控核聚变反应堆需要满足的基本条件见表 5-1。

表 5-1　可控核聚变反应堆需要满足的基本条件

反应堆类型	最低温度 /K	等离子体密度 /（个·cm^{-3}）	最少约束时间 /s	劳逊条件 /（s·个 /cm^3）
氘氚反应	10^8	$10^{14} \sim 10^{16}$	$0.01 \sim 1$	10^{14}
氘氘反应	5×10^8	$0.2 \times 10^{14} \sim 0.2 \times 10^{16}$	$5 \sim 500$	10^{16}

目前主要有以下几种可控核聚变方式：①超声波核聚变；②激光约束（惯性约束核聚变）；③磁约束核聚变（托卡马克）。

（3）核衰变。核衰变过程中放射性放出的射线有 3 种，如图 5-5 所示。

① α 射线是带正电荷的氦核，由 2 个质子和 2 个中子组成——$_2^4He$。具有最强的电离

作用，从放射源飞出的速度在 2×10^4 m/s 左右。穿透本领很小，在云室中留下粗而短的径迹。

② β 射线是带负电荷的高速电子流，一个 β 粒子就是一个电子，电离作用较弱，β 粒子的速度可以达到 2×10^4 m/s。穿透本领较强，在云室中的径迹细而长。

③ γ 射线是一种波长非常短、频率很高的电磁波。电离作用最弱，穿透本领最强，在云室中不留痕迹。

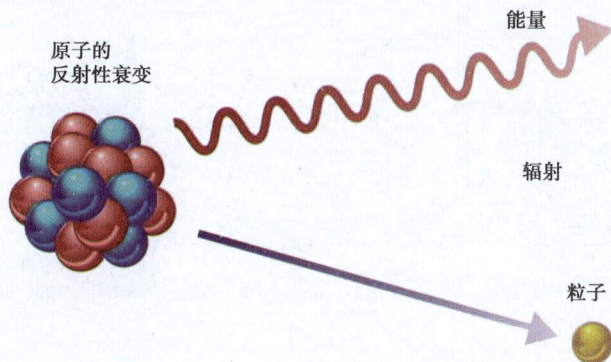

图 5-5　核衰变

2. 核反应堆

核能发电的能量来自核反应堆中可裂变材料（核燃料）进行裂变反应所释放的裂变能。裂变反应指铀–235、钚–239、铀–233 等重元素在中子作用下分裂为两个碎片，同时放出中子和大量能量的过程。反应中，可裂变物的原子核吸收一个中子后发生裂变并放出两三个中子。若这些中子除去消耗，至少有一个中子能引起另一个原子核裂变，使裂变自持地进行，则这种反应称为链式裂变反应。实现链式反应是核能发电的前提。

利用核反应堆中核裂变所释放出的热能进行发电的方式与火力发电极其相似，只是以核反应堆及蒸汽发生器来代替火力发电的锅炉，以核裂变能代替矿物燃料的化学能。除沸水堆外，其他类型的动力堆都是一回路的冷却剂通过堆芯加热，在蒸汽发生器中将热量传给二回路或三回路的水，然后形成蒸汽推动汽轮发电机。沸水堆则是一回路的冷却剂通过堆心加热变成 70 个大气压左右的饱和蒸汽，经汽水分离并干燥后直接推动汽轮发电机。

（1）压水堆。首先是压水反应堆，如图 5-6 所示，目前世界上所有的商业堆，基本上都是利用核裂变热使水沸腾以产生蒸汽的系统。压水堆的结构实际上与火电站的内核很相似，只是提供动力的原料不同。压水堆的热效率不高，仅为 33% 左右。

压水堆的堆芯近似为圆柱形。一般的高度约为 4.2 m，直径约为 3.4 m。它由 40 000 根左右的燃料棒组成。每 200 根左右的棒组合成一个燃料组件，组件的横截面为正方形，边长约为 0.2 m。燃料是 3% 浓缩铀 235 的二氧化铀，做成圆柱形芯块，典型的尺寸是长 15 mm、直径约为 9.4 mm。芯块用陶瓷工艺制造，包括粉末状物质的烧结和压缩。燃料芯块堆盛在锆合金管中，此锆合金管称为包壳。

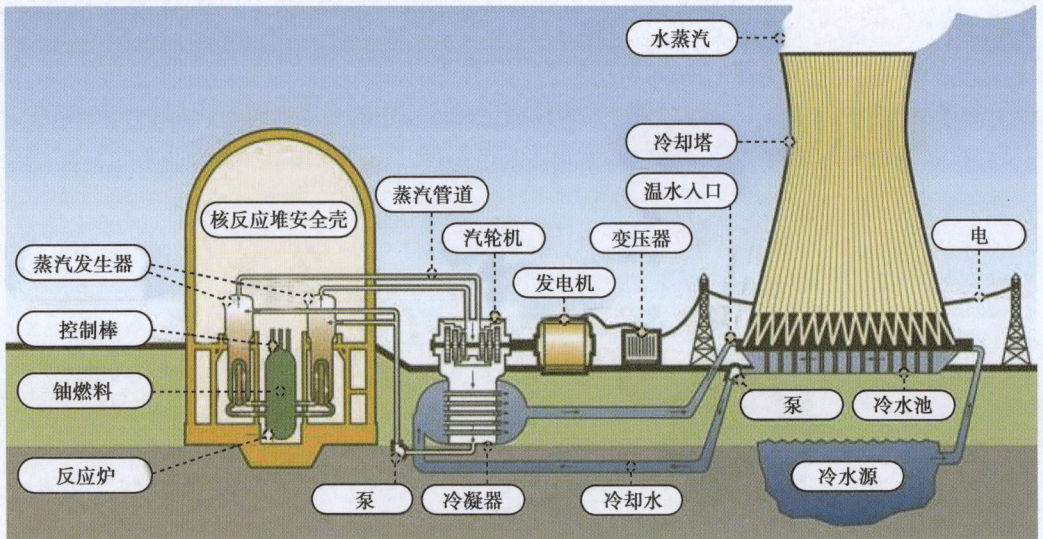

图 5-6　压水堆核电站示意图

　　压水堆主要回路有一回路和二回路。一回路就是燃料冷却回路。一回路的水将燃料产生的热量传送到蒸汽发生器中，一般有二至四条独立的蒸汽发生器环路互相并联。一个反应堆都有一台稳压器使一回路的水压维持稳定。在蒸汽发生器中，热能从一回路传到二回路。二回路包括一台汽轮发电机组、一个汽轮机旁路、一个向大气排汽的系统、一个凝汽器、数台凝结水泵、一台凝结水加热装置、一个蒸汽发生器的给水回路、一个事故给水回路，还包括三个蒸汽发生器与汽轮机之间的蒸汽连接管路。

　　20 世纪 80 年代，压水堆被公认为是技术最成熟、运行安全、经济实用的堆型，其装机总容量约占所有核电站各类反应堆总和的 60% 以上，也是最早用作核潜艇的军用反应堆。1961 年，美国建成世界上第一座商用压水堆核电站。

　　（2）沸水堆。沸水堆（图 5-7）是轻水堆的一种。沸水堆核电站的工作流程：冷却剂（水）从堆芯下部流进，在沿堆芯上升的过程中，从燃料棒那里得到了热量，使冷却剂变成了蒸汽和水的混合物，经过汽水分离器和蒸汽干燥器，将分离出的蒸汽推动汽轮发电机组发电。

　　与压水堆一样，沸水堆的堆芯也是由 40 000 根左右装有低浓缩铀 –235 二氧化铀燃料芯块的锆合金包壳燃料棒组成。燃料棒组件每个正方截面包含 62 根。燃料块比压水堆要大，长度约为 18 mm、直径约为 10.6 mm。除燃料棒大外，棒间间隙也大。所以堆芯直径比压水堆大，约为 4.8 m，但其高度只有 3.8 m 左右。一座电功率为 1 000 MW 的沸水反应堆中的燃料总质量约为 1.5×10^{5} kg。

　　沸水堆与压水堆不同之处在于冷却水保持在较低的压力（约为 70 个大气压）下，水通过堆芯变成约 285 ℃ 的蒸汽，并直接被引入汽轮机。所以，沸水堆只有一个回路，省去了容易发生泄漏的蒸汽发生器，因而显得很简单。

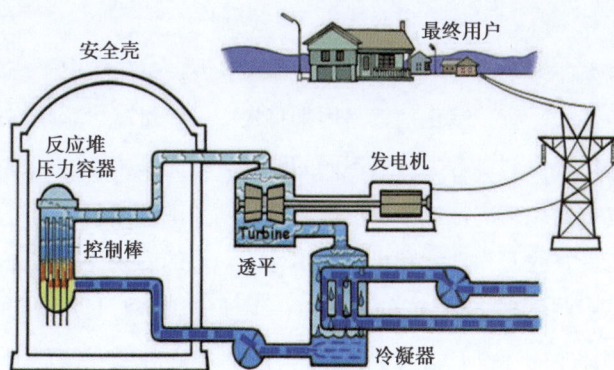

图 5-7　沸水堆示意图

（3）重水堆。重水堆是以重水作慢化剂的反应堆，可以直接利用天然铀作为核燃料。重水堆可用轻水或重水作冷却剂，重水堆分压力容器式和压力管式两类，其示意图如 5-8 所示。

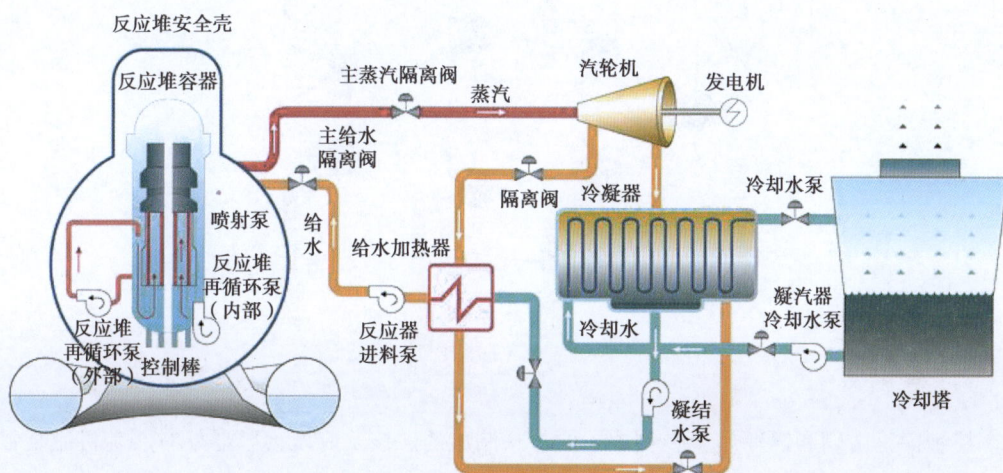

图 5-8　重水堆示意图

以天然铀作为燃料使得重水反应堆对很多国家产生了吸引力。加拿大坎杜堆（CANDU）是重水反应堆中的突出代表，这种反应堆用的核燃料是用二氧化铀压制、烧结成的圆柱形天然铀芯块，密封成燃料元件单棒，再将 37 根燃料元件单棒焊到两个端部支撑板上，组成柱形燃料棒束组件，元件单棒之间用定位隔块使之相互隔开。反应堆换料采用不停堆双向推进法。遥控操作换料机上的活塞杆，将燃料棒束逆冷却剂向流动方向推进，同时把乏燃料棒束从另一端卸入另一台换料机。乏燃料运送到反应堆厂房邻近的水池内储存。

标准化的 CANDU 堆本体包括：一个装重水惯化剂的圆柱形不锈钢排管容器；反应堆控制机构；380 根燃料管道组件（CANDU-6 型）贯穿排管容器，内装核燃料、重水冷却剂和一根锆 - 铌合金压力管。

3. 反应堆核心组件

（1）慢化剂。核燃料裂变反应释放的中子为快中子，而在热中子或中能中子反应堆中要应用慢化中子维持链式反应，慢化剂就是用来将快中子能量减少，使之慢化成为热中子或中能中子的物质。选择慢化剂要考虑许多不同的要求。首先是核特性，即良好的慢化性能和尽可能低的中子吸收截面；其次是价格、机械特性和辐照敏感性。应用最多的固体慢化剂是石墨，其优点是具有良好的慢化性能和机械加工性能，小的中子俘获截面和价廉。

（2）控制棒。为了控制链式反应的速率在一个预定的水平上，需用吸收中子的材料做成吸收棒，称为控制棒（图5-9）或安全棒，在反应堆中起补偿和调节中子反应性以及紧急停堆的作用。

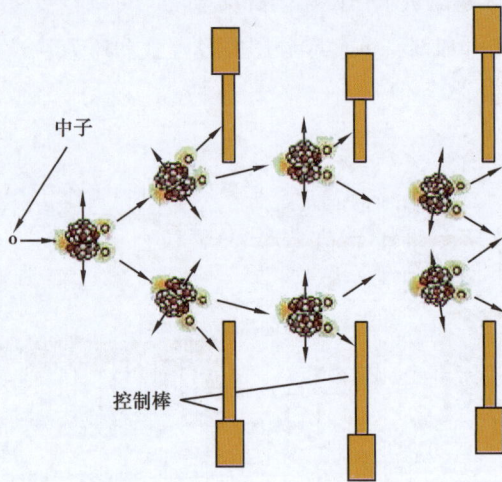

图 5-9　控制棒

控制棒是由硼和镉等易于吸收中子的材料制成的。核反应压力容器外有一套机械装置可以操纵控制棒。控制棒完全插入反应中心时，能够吸收大量中子，以阻止裂变链式反应的进行。如果把控制棒拔出一点，反应堆就开始运转，链式反应的速度达到一定的稳定值；如果想增加反应堆释放的能量，只需将控制棒再抽出一点，这样被吸收的中子减少，就有更多的中子参与裂变反应。要停止链式反应的进行，只需将控制棒完全插入核反应中心吸收掉大部分中子即可。

（3）冷却剂。由主循环泵驱动，在一回路中循环，从堆芯带走热量并传给二回路中的工质，使蒸汽发生器产生高温高压蒸汽，以驱动汽轮发电机发电。冷却剂是唯一既在堆芯中工作又在堆外工作的一种反应堆成分，这就要求冷却剂必须在高温和高中子通量场中工作是稳定的，有较大的传热系数和热容量、抗氧化以及不会产生很高的放射性。轻水在价格、处理、抗氧化和活化方面都有优点，但是它的热特性不好。重水是好的冷却剂和慢化剂，但价格昂贵。

（4）屏蔽层。为防护中子、γ 射线和热辐射，必须在反应堆和大多数辅助设备周围设置屏蔽层。其设计要力求造价便宜并节省空间。对 γ 射线屏蔽，通常选择钢、铅、普通混凝土和重混凝土。钢的强度最好，但价格较高；铅的优点是密度高，因此铅屏蔽层厚度较小；混凝土比金属便宜，但密度较小，因而屏蔽层厚度比其他的都大。

来自反应堆的 γ 射线强度很高，被屏蔽体吸收后会发热，因此紧靠反应堆的 γ 射线屏蔽层中常设有冷却水管。核电站反应堆最外层屏蔽一般选用普通混凝土或重混凝土。

4. 核能发电

（1）核能发电的优点。

①不会造成空气污染；

②不会产生加重地球温室效应的二氧化碳；

③核燃料能量密度比化石燃料高几百万倍，故核能电厂所使用的燃料体积小，运输与储存都很方便；

④核能发电的成本中，燃料费用所占的比例较低，核能发电的成本不易受到国际经济情势影响，故发电成本比其他发电方式稳定；

⑤核能发电实际上是最安全的电力生产方式。

（2）核能发电的原理。核能发电原理如图 5-10 所示。核裂变产生能量加热水生成蒸汽，将核能转变成热能；蒸汽压力推动汽轮机旋转，热能转变为机械能；然后汽轮机带动发电机旋转发电，将机械能转变成电能。以当前的主流压水堆核电站为例，其能量转换借助于三个回路来实现。在一回路中，反应堆冷却剂（通常为水）在主泵的驱动下进入反应堆，流经堆芯后带走核燃料裂变产生的能量，进入蒸汽发生器将热量传递给二回路的水，然后再流回到主泵，循环往复；在二回路中，二回路水通过热交换被一回路的水加热生成蒸汽，蒸汽再去驱动汽轮机，带动与汽轮机同轴的发电机发电，做功后的剩余蒸汽再经三回路冷却为液态水后，再次进入蒸汽发生器循环；在三回路中，三回路冷却水通过凝汽器冷却二回路做功后的蒸汽，带走剩余的弃热。

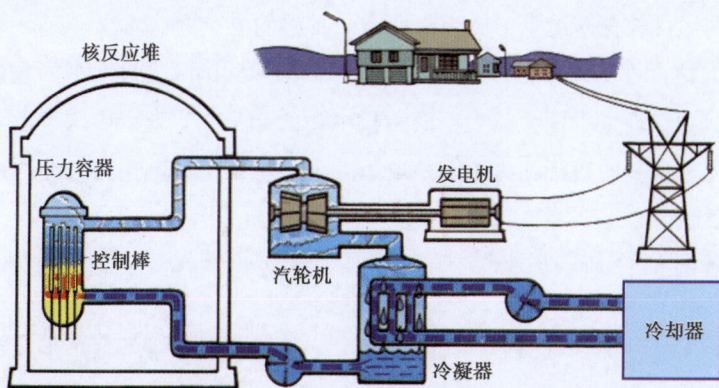

图 5-10　核能发电原理

核电站除关键设备——核反应堆外，还有许多与之配合的重要设备。以压水堆核电站为例，这些重要的设备包括主泵、稳压器、蒸汽发生器、安全壳、汽轮发电机和危急冷却系统等。它们在核电站中有着各自的特殊功能。

『学习总结』

1. 核电站利用核能进行发电，其所使用的核燃料是（　　）。

A. 镭　　　　　　　B. 氢　　　　　　　C. 氦　　　　　　　D. 铀

2. 核能的反应方式有哪几种？（　　）

A. 核裂变　　　　B. 核聚变　　　　C. 核巨变　　　　D. 核衰变

3. 常见的核反应堆有哪几种？

『学习延伸』

大亚湾核电站

大亚湾核电站（图 5-11）位于中国广东省深圳市龙岗区大鹏半岛，是中国大陆建成的第二座核电站，也是大陆首座使用国外技术和资金建设的核电站。1994 年投入商业运行，大亚湾核电站是中国第一座大型商用核电站。此后，在大亚湾核电站之侧又建设了岭澳核电站，两者共同组成一个大型核电基地，离香港直线距离 45 km，是中国最大的中外合资企业。大亚湾核电站、岭澳核电站一期两座核电站共有四台百万千瓦级压水堆核电机组，年发电能力近 300 亿 kW·h。其中，大亚湾核电站所生产的电力 70% 输往香港，约占香港社会用电总量的四分之一，30% 输往南方电网；岭澳核电站一期所生产的电力全部输往南方电网。据 2006 年统计数据，两座核电站输往南方电网的电力约占广东省社会用电总量的 9%。大亚湾核电站按照"高起点起步，引进、消化、吸收、创新""借贷建设、售电还钱、合资经营"的方针开工兴建，1994 年 5 月 6 日全面建成投入商业运行，并获得了在美国出版的国际电力杂志评选的"1994 年电厂大奖"，成为全世界 5 个获奖电站之一，也是中国唯一获得这一殊荣的核电站。1995 年 5 月，大亚湾核电站被中共深圳市委确定为"深圳市爱国主义教育基地"，成为深圳市一日游的景点之一。

大亚湾核电站自投产以来，各项经济运行指标都达到国际先进水平。大亚湾核电站的建设和运行，成功实现了中国大陆大型商用核电站的起步，实现了中国核电建设跨越式发展、追赶国际先进水平的目标，为中国核电事业发展奠定了基础，为粤港两地的经济和社会发展做出了贡献。

核能电站如图 5-12 所示。

图 5-11　鸟瞰大亚湾核电站

图 5-12　核能电站

　　核能作为一种安全、可靠、清洁、经济的能源，目前已成为一些国家的首选，也成为我国能源发展的趋势。

　　近年来，根据世界各国经济建设和社会发展形势预测，由于能源资源缺乏和温室效应使全球变暖的威胁，加上核动力所具有的有益于环境保护的明显优势，将使核电事业蓬勃发展。核能作为先进能源的一种，必将在满足对未来能源的需求中起到重要的作用。

　　可持续发展战略已为世界许多国家组织和大多数国家所接受，正为防治污染和保护生态环境积极采取措施。由于核能具有经济性、安全性、无污染性三大优势，发展核能的替代碳基燃料是实施可持续发展战略、防治污染和保护生态环境的现实和有效的措施之一。

　　未来的核能必须是公众可接受的，其公众的接受程度将成为决定核能发展规模的重要因素之一。核能从 20 世纪六七十年代的高潮时期转入低潮，除由于世界经济由高速发展阶段转入平稳发展，对能源、电力需求增长速度大大下降之外，核能发展中发生了三哩岛和切尔诺贝利两大核事故，对公众造成了疑虑，公众接受问题，成了核能发展的重大障碍，也是重要原因之一。

5.2　核能安全

『学习情境』

2011 年 3 月里氏 9.0 级地震导致日本福岛县两座核电站反应堆发生故障，其中第一核电站福岛核电站中一座反应堆震后发生异常导致核蒸汽泄漏，并于 3 月 12 日发生小规模爆炸，或因氢气爆炸所致。有业内人士表示，福岛核电站是一个技术上现在已经没人用的单层循环沸水堆，冷却水直接引入海水，安全性本来就不高。沸水产生的蒸汽用来直接推动汽轮机，不像压水堆那样有蒸汽发生器隔离。万一发生故障，蒸汽里就带有辐射性物质。对于日本这一个地震频繁的地区，使用这样的结构非常不合理。

日本福岛核电站如图 5-13 所示。

图 5-13　日本福岛核电站

张同学在学习了核能发电相关的知识之后，阅读到了核能泄漏带来了灾难性的损失，那么在使用核能时，要怎样做才能既安全又给我们的生活带来便利呢？

『学习目标』

1. 学习核能发电给我们带来的利弊。

2. 学习核废料的处理。

3. 学习核能利用对环境的影响。

『学习导航』

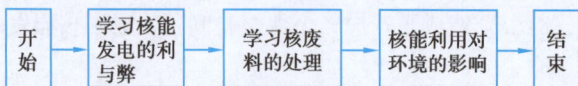

开始 → 学习核能发电的利与弊 → 学习核废料的处理 → 核能利用对环境的影响 → 结束

『学习探究』

1. 核能给我们生活带来的利与弊

任何事物的衍生发展都是有利有弊的，核能也一样。我们不能畏首畏尾、瞻前顾后，也不能武断独行。所以怎样把核能合理的发展成安全稳定的核能系统，就需要我们不断努力，以实现我们的利益最大化。

在已知的可再生新能源中，由于技术上的困难和经济性等因素，已开发的太阳能、风能、沼气等均未能大规模利用，只有水电资源已大规模开发利用，尽管尚可继续开发，但仅靠水电资源难以满足经济和社会发展的需求，由此看来，要使可再生能源达到全面应用并足以支持经济持续发展的水平，还需要相当一段进一步开发的时期。由于新的可再生清洁能源目前面临技术和成本的问题，只有核能是一种既清洁又安全可靠且经济上具竞争力的最现实的替代能源。

（1）核能的优点。从长远看，开发利用核能有利于人类发展。核能作为一种新型能源，它不仅能取代现有能源在社会生活中的作用，造福于人类，并且与传统能源及其他新型能源相比具有无可比拟的优势。

核能电站如图 5-14 所示。

图 5-14 核能电站

①开发利用核能源是解决目前能源危机的现实选择。近代以来人类的飞速发展得益于化石能源的广泛使用，而当前化石能源已经面临枯竭。据统计，石油、天然气资源将在 2050 年宣告枯竭，煤炭资源将在 150 年后枯竭。我们无法想象一个不能满足人类能源需求的世界将会是什么样。而核能源却能恰到好处地满足人类对能源的需求。核能发电的成本中其燃料成本较低，同时核能能够产生巨大的能量，铀 235 分裂时产生的热量是同等质量煤的 260 万倍，是石油的 160 万倍。核能以其巨大的优势为人类的持续发展提供了坚强的后盾。

开发利用核能源有利于维护世界和平。近年来所爆发的几场战争以及动荡不定的国际争端其背后有一个重要的因素就是能源问题。能源的开发利用可以最大限度地满足主权国家的能源需求，从而进一步遏制或减少国际冲突和地区争端。开发利用核能为维护和平的国际和地区环境创造了有利条件。

②核能源有利于改善生态环境，提高人类生活质量。和传统能源相比，核能源更能体现以人为本。与传统能源相比核能是一种清洁能源，它不像化石燃料发电那样排放巨量的污染物质到大气中，造成空气污染，也不会产生加重地球温室效应的二氧化碳。同时核电站的辐射与宇宙中的各种射线的辐射对人类造成的伤害相比可以忽略不计。此外，核能作为一种新型能源，将在我们生活的方方面面发挥巨大的作用。核能不只是可以用来发电，医学上也越来越受益于核技术，许多病症需要用放射性物质来治疗和预防。核技术对食品的影响也越来越大，利用核技术可以对食物进行防腐、消毒、杀菌等处理。核技术还可以广泛地应用于勘探、考古、扫雷等。核能源极大地改善和提高了人们的生活质量和水平，为人类更好的发展提供了可靠的保障。

③通过技术的提高可使核能更为安全可靠，解决后顾之忧。当前人们对核能的安全性表示担忧，尤其是近年来的几起核事故更是让人们"谈核色变"，但是如果去深入分析其中的原因，我们就会发现，这些事故无一不是人为原因及技术原因造成的。人类总是向前发展的，而技术的革新也日新月异。我们通过对参与人员的技术培训和对现有技术的不断发展完善，完全可以避免各种核安全问题。而多个国家参与的国际热核反应堆合作计划，可在不久的将来使核能成为人类取之不尽、用之不竭的清洁能源。核能将为人类的生生不息提供有力的支撑。

在人类的发展遇到了前所未有的困难时，核能这一能源家族中的新生儿很好地化解了这一危机，为人类的发展保驾护航，使人类驶向美好的明天。

（2）核能的弊端。虽然核能的发展有许多优点，但是普通人对核电站的认识基本偏向负面。人们担心的核电站容易发生的最大问题就是安全问题。当然，核电站相关工作人员应对此负有一定的责任，他们过于强调核电的安全性，这样反而难以得到广大民众的理解。

核电站的反应器内有大量的放射性物质，如果在事故中释放到外界环境，会对生态及民众造成伤害。我们害怕发生像切尔诺贝利事故一样的灾难，有一些环境论者还指出从事核电生产的人曾有产下畸形儿的先例，或者核电站附近的农家出现了畸形牲畜等。这些事实是不容忽视的，倘若大型核电站泄漏甚至爆炸，那这种效果不亚于核武器战争的爆发，地球也就意味着走向了死亡。而且核能电厂产生的高低阶放射性废料，或者是使用过的核燃料，都具有放射性，必须谨慎处理，否则可能引发社会问题甚至政治分歧等。

还有一个不得不说的是，发展核能的投资成本巨大，所以电力公司的财务风险也就大大提高。若建造一个核电站未能成功运行，那损失是巨大的。而且一些发展中国家并不是不想发展核能，而是迫于经济等原因，计划会被搁置，这就造成了世界能源分布不均。

核能电厂也不适宜做尖峰、离峰的随载运转。虽没有化石燃料场污染物多，但热污染较严重，与化石燃料场一样，还要考虑地理、天气等因素。

（3）国内发展核能的建议。我国是一个人口大国，虽然资源丰富，但人均水平要比世界平均水平低，能源的需求理所当然是巨大的。这样看来大力发展核能是一件利国利民的好事。但是许多事情都有利有弊，何况发展核能对我们来说，是一件国家大事。

现在的世界，能源问题已经成为环境问题后的大问题，面对世界激烈的竞争，我们应该制订好核能发展目标，促进核能健康运行。

我们还应从核能这个产业的不同方面入手。例如：制定适合核能发展的法律法规，完善核能管理制度，规范核电站的兴建、运行、管理等各个步骤，研发适应我国社会和国情的新型核电站，提升国际竞争力。

当然，我们还应谨慎对待开发核能的项目，吸取国外发展核能的事实经验，稳中前行，借鉴其他国家的经验，综合我国实力与国情，发展核能，不要只追求经济利益而忽略了环境效益和群众效益，做到综合发展、统筹兼顾。

核能事故如果发生，这种破坏力将是不可估量的，因此我们要有一套适合我国的预警机制和防护机制。比如，建立核电站监测系统，从不同的指标在一定的程度上预防核能事故的发生，灵敏、及时、畅通地反映信息情况。

总体来说，发展核能对世界是有利的，既能节约能源，又能控制污染。

2. 核废料的处理

（1）核废料简介。核废料泛指在核燃料生产、加工和核反应堆用过的不再需要的并具有放射性的废料，也专指核反应堆用过的乏燃料经后处理回收钚 239 等可利用的核材料后余下的不再需要的并具有放射性的废料。

（2）核废料的特征：

①具有放射性。核废料的放射性不能用一般的物理、化学和生物方法消除，只能靠放射性核素自身的衰变而减少。

②射线危害。核废料放出的射线通过物质时发生电离和激发作用对生物体会引起辐射损伤。

③热能释放。核废料中放射性核素通过衰变放出能量，当放射性核素含量较高时，释放的热能就会导致核废料的温度不断升高，甚至使溶液自行沸腾、固体自行熔融。

（3）核废料管理原则：

①尽量减少容积以节约运输、储存和处理的费用；

②以稳定的固化体形式储存以减少放射性核素迁移扩散；

③尽量减少不必要的核废料产生并开展回收利用；

④对已产生的核废料分类收集并分别储存和处理；

⑤向环境稀释排放时必须严格遵守有关法律的规定。

（4）处理核废料的必备条件：

①要安全、永久地将核废料封闭在一个容器里，并保证数万年内不泄漏出放射性；

②要寻找一处安全、永久存放核废料的地点。

（5）我国对中低放射性核废料的处理：按国家标准和国际原子能机构的要求处理，不论是固体核废料还是液体核废料，都要进行固化处理，然后装在200 L的不锈钢桶里，放在浅地层的处置库里。

国际上对高放射性核废料有两种处理方式，一种是直接把乏燃料当成核废料，经过处理装在大罐子里直接埋到很深的地层下，美国、俄罗斯、加拿大、澳大利亚等国家目前都是这样做的。还有一种是将装有核废料的金属罐投入选定海域4 000 m以下的海底。我国对高放射性核废料采取的是前一种处理方式，即先把乏燃料送到处置场进行玻璃固化，之后再埋到至少500 m深的地层内。将核废料埋在永久性处置库是目前国际公认的最安全的核废料处置方式。

3. 核能利用对环境的影响

据人们对清洁能源的定义，清洁能源不会对环境（包括空气、大地、海洋）排放污染物，而核能第一会产生放射性物质，第二会产生热污染，第三核废料的处理是个令人头痛的问题。

核能发电的热量并非来自燃烧，因而不会造成空气污染，也不会排放二氧化碳。但是核能电厂在正常运转时，仍然会将微量的放射性物质排到外界环境，而且核能发电会产生中低阶的放射性废料，以及具有高强度放射性的核燃料。上述物质皆会影响生物细胞及染色体，使其发生基因突变等症状。使用过的核燃料中尚有许多可以回收利用的铀及钚元素，在可见的未来均有可能成为珍贵的能源。如果这些放射性物质在环境中扩散，亦会威胁到人类的健康。一般来说，使用过的核燃料中某些超铀元素（例如钚）的半衰期长达数万年，必须长期与生物的食物链隔离，才能避免对人类造成伤害。

由于核能发电的热效率较火力发电低，故核能发电的热污染较火力发电严重。此项热污染影响最大的首推核电站所在区域。热污染导致海温剧增，使当地的生态环境改变，以中国台湾为例，核二厂排水口附近曾出现秘雕鱼，更因核三厂排放温水而导致附近珊瑚产生白化等。减少热污染即提高发电机组的热效率，必须增加相当多的设备，设备的装置费用可以由因热效率提高而节省下的燃料中获得补偿。核能发电的燃料成本较低，故提高核能发电厂热效率所需的设备增购费用，可能无法由节省下来的燃料费中赚取回来，故不值得投资。核能电厂热效率的提高，将使电厂的设计变得非常复杂，复杂的系统必定容易发生故障。核能电厂的建厂投资成本非常大，任何设备发生故障均会使电厂无法发电，将给电力公司造成较大的财务损失。因此，从技术层面来说，核电厂的热效率绝对可以提高，但从经济层面考量，则不值得如此做。

最令人头痛的是核废料处理的问题，到目前为止放射性三废处理尚未找到完全安全、有效的方法，目前国内外公认比较好的处理技术是深部地层埋藏，即将燃烧完的放射性废物进行玻璃固化后，冷却 30 ～ 50 年，然后将其埋藏于数百米深的岩层中。正如前面所言，核废料中的某些元素半衰期很长，谁能够保证在将来它不会因为什么意外而泄漏呢？或许，它不会影响我们这一代，但是我们的子孙后代呢？从可持续发展的观点来讲，我们不能为了眼前的利益，把污染环境的后果全让后人承担。

不仅核能如此，被人们称为清洁能源的风能、氢能、潮汐能也有不少"阴暗面"。每年死在世界上最大的风力发电站——美国加利福尼亚阿特蒙隘口风力发电站的风车阵中的鸟类多达 5 000 只，以至于每年到了冬天候鸟迁徙的季节，政府不得不关闭这一电站。在获取氢原料的过程中所排放的温室气体，比汽车尾气还厉害。海面上铺设的面积以平方千米计的潮汐发电机对于海洋生态的影响，也是难以估计的。它们真的清洁吗？或许它们没有向环境排放废物，可是它们破坏了原本和谐平衡的生态环境。

试问还有什么比一个和谐美丽的居住环境更重要的呢？当然，太阳能是绝对干净的，但可惜目前的应用效率太低，只能用来烧烧热水，给笔记本电脑充充电而已；在另一个极端，我们有一种很有前途的选择——反物质。10 mg 反物质湮灭的能量之巨大，足够航天飞机往返火星一次，在丹·布朗的小说《天使与魔鬼》中所描述的那一点点反物质量，大概足以夷平整个罗马了，但可惜，要得到一个正电子，就得动用大型粒子对撞机，代价实在是太大了。

『学习总结』

    1. 核废料的管理原则是什么？

    2. 处理核废料的必备条件有哪些？

    3. 查询相关资料，了解更多核的应用。

『学习延伸』

福岛第一核电站事故

2011 年 3 月 11 日 14 点 46 分，日本东北海岸发生 9.0 级地震。在同一天，福岛第一核电站（图 5-15）反应单元 1、2 和 3 号正在运转，4、5 和 6 号早已停机做定期检查。当地震被检测到时，反应单元 1、2 和 3 号执行了自动关机程序。在反应堆关机后，发电功能即停止。正常情况下，电站可以利用外部电源驱动冷却和控制系统，但是地震会对电网造成大规模破坏。紧急柴油发电机组虽然准确地启动了，但是在 15 点 41 分突然中止运转，全部供给反应堆的交流电源即告失效。虽然电站已经建有海水保护墙，但是接踵而至的海啸摧毁了保护墙，淹没了地势较低的柴油发电机组。

图 5-15　福岛第一核电站

在柴油机组失效后，给控制系统供电的电池只能维持 8 h。在 13 h 内，其他电站运来了电池和移动发电机，但是连接移动发电机到水泵的工作直到 3 月 12 日 15 点 4 分还在继续。通常情况下，发电机可以接到地下室的电源开关，但是当时地下室已被海啸淹没。

在 3 月 11 日地震之后，核子工程国际组织（Nuclear Engineering International）报告 1 号机、2 号机和 3 号机都已自动关闭，而 4 号机、5 号机和 6 号机正在进行维修，并没有开启运转。由于整个灾区停电，场区的用电特别是作为冷却用途只能靠发电场本身发电供应。因为主发电设施停止运转，必须依赖紧急柴油发电机供应冷却系统所需的电力。但是，这些柴油发电机已被先前地震引起的海啸损坏，只运作了 1 h，就都先后失去功能。虽然反应堆已自动关闭，内部的核能燃料仍旧需要冷却系统除去衰变热。工程师改使用电池供给反应堆控制与阀门所需要的电力，这些电池只能使用几个小时。由于冷却系统故障，日本政府已于 3 月 11 日宣布进入"核能紧急事态"。

3 月 12 日，日本经济产业省原子能安全保安院表示，福岛第一核电站正门附近的辐射量是通常的 70 倍以上，而 1 号反应堆的中央控制室辐射量已升至通常的 1 000 倍。这是日本首次确认有放射性物质外泄。

3 月 13 日，3 号机貌似也可能发生部分堆芯熔毁。根据东京电力公司通讯，发生化学爆炸的 1 号机注入海水与硼酸，这是为了要冷却与阻止进一步核反应。由于反应堆安全壳的气压过高，3 号机已经排气。之后，为了要吸取中子，又灌入含有硼酸的水。核反应堆安全壳内的气压很高，2 号机的水位也比正常低，由于冷却系统仍旧能够将水注入，水位相当稳定。同日日本核能研究开发机构宣布，依照国际核事件分级表，将福岛事故分级为第四级核事故。政府官员谈到堆芯熔毁的可能之后，170 000 ~ 200 000 名居民已被疏散至安全地区。而法国则认为问题比日本官方宣称的更严重，是第六级核事故。

3 月 14 日上午 11 点 01 分，3 号机也因同样问题而导致氢气爆炸，相关单位随后发出通报，附近方圆 20 km 内 600 多位居民全部室内避难。

3 月 15 日清晨 6 时 10 分，2 号机组反应堆的控制压力池损坏引发爆炸，而 4 号机组发生氢气爆炸导致了火灾，相关单位随后要求厂房半径 20 km 范围内所有人员撤离，30 km 范围内的人留在家中，并将此区空域发布为无限期区域禁飞令。

3 月 16 日，福岛第一核电站内处理危机的工作人员全部撤离现场，实行暂时避难。

3 月 17 日，在早上自卫队直升机对乏燃料池 3 和 4 降水，在下午报道 4 号机组乏燃料池满水和无燃料棒暴露。工程已经开始对六个福岛第一核电厂机组提供外部电力来源。

3 月 18 日，日本核安全局经济部表示福岛第一核电厂事故以国际核事故七级制中的第四级提升至第五级（1、2、3 号机为五级，4 号机为三级）。

学习任务 6　新能源电池应用

6.1　新能源动力电池的生产

『学习情境』

暑假期间，小鹏一家和他舅舅一家开了两辆车到郊外去避暑，小鹏发现他舅舅的车牌和他爸爸开的车的车牌不一样，舅舅的车牌是渝 A 开头，后面是一个字母加 5 个数字，而且底色是绿色的。小鹏的舅舅告诉他，这种车是新能源汽车，使用的是电作为动力。

近年来，随着新能源汽车发展的需要，其动力核心——电池，正受到越来越多的关注。而锂离子电池以其高比能量、长循环寿命、自放电小、无记忆效应和绿色环保等优点备受青睐，是动力电池研究的热点之一。宁德时代、比亚迪、国轩、力神等大型锂电企业都纷纷投入大量资金进行产品的研发。

小鹏是电子爱好者，他决定查找资料弄清楚电池的分类，什么是电芯、电池模组与电池包？新能源动力电池的生产过程是怎样的？你能帮帮他吗？

『学习目标』

1. 学习电池的分类，养成环保意识。

2. 学习电芯、电池模组与电池包的知识。

3. 学习新能源动力电池的生产过程。

『学习导航』

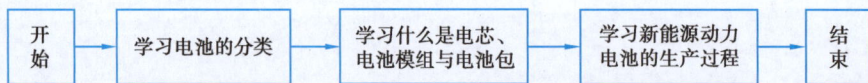

『学习探究』

1. 电池的分类

电池大致可分以下几类：化学电池、物理电池和生物电池，如图 6-1 所示。根据电池的使用次数还可以分为一次电池和二次电池。一次电池包括普遍使用的锰电池、碱性电池、汞电池等。相对一次性使用的一次电池，二次电池可反复充电后使用。最常见的二次电池是汽车使用的铅酸蓄电池，作为充电式干电池使用的镍镉电池（Ni-Cd），从环保的角度开发出的镍氢电池（Ni-MH）、锂离子二次电池（Li-ion）。

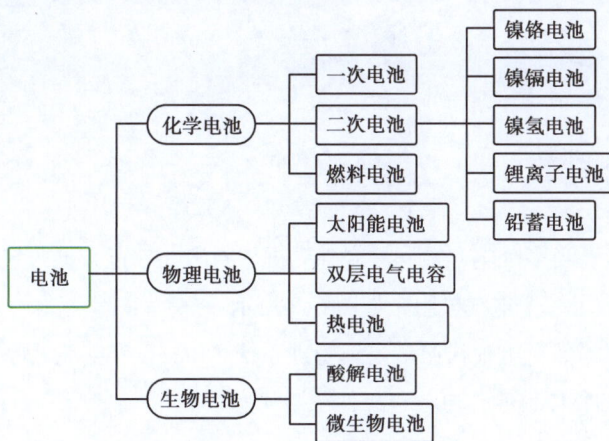

图 6-1　电池的分类

动力电池实际上就是为交通运输工具提供动力来源的一种电池。新能源动力电池的主流产品是锂离子动力电池，它是一种二次化学电池，它与普通锂电池的主要区别见表 6-1。

表 6-1　新能源动力电池与普通锂电池的区别

区别	新能源动力电池	普通锂电池
电池容量不同	一般动力电池的容量在 1 000 ~ 1 500 mAh	容量在 2 000 mAh 以上
放电功率不同	放电功率大，比能量高	放电功率小，比能量低
应用不同	为电动汽车提供驱动力	手机、笔记本电脑等

注：比能量指的是单位质量或单位体积的能量。

做一做　找出生活中使用的电池，说出它属于哪一类电池。

小提示　手机电池、笔记本电脑电池、手表电池、燃气灶的干电池、汽车的蓄电池等。

2. 电芯、电池模组与电池包

（1）电芯。电芯是动力电池的最小单位，也是电能存储单元，它必须有较高的能量密度，以尽可能多地存储电能，使电动汽车拥有更远的续航里程。除此之外，电芯的寿命也是最为关键的因素，任何一颗电芯的损坏，都会导致整个电池包的损坏。目前，主流锂电池电芯主要有圆柱电池、软包电池以及方形电池，如图 6-2 所示。

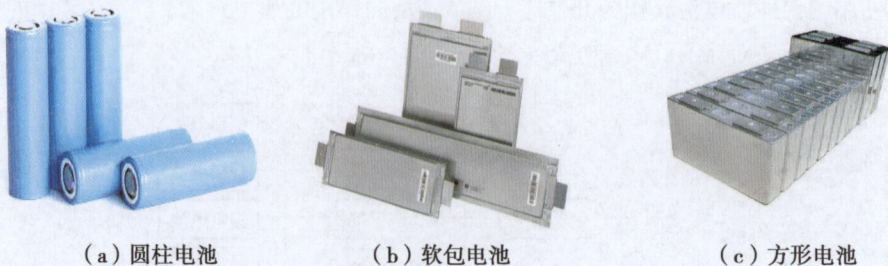

（a）圆柱电池   （b）软包电池   （c）方形电池

图 6-2　三种锂电池电芯的形式

（2）电池模组。当多个电芯被同一个外壳框架封装在一起，通过统一的边界与外部进行联系时，这就组成了一个电池模组，如图 6-3 所示。

（3）电池包。当数个电池模组被电池管理系统（BMS）和热管理系统共同控制或管理起来后，这个统一的整体就叫作电池包，如图 6-4 所示。

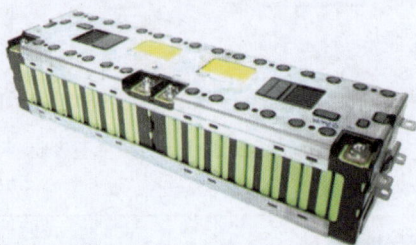

图 6-3　电池模组

图 6-4　电池包

> 🖩 **算一算**　1. 宁德时代电池板使用了 16 个电池模组，每个模组使用了 444 个电芯，整个电池板一共使用了多少个电芯？
> 2. 宁德时代电池板使用了 16 个电池模组，每个模组的电压约为 25 V，整个电池板的电压是多少？（每个模组通过串联连接）
> 3. 宁德时代电池板的每个电池模组使用了 444 个电芯，由 6 个小包串联形成，每个电池模组的电压一般为 24.6 V，每个小包有多少个电芯？每个电芯电压是多少？（小包里的电芯是并联的）

3. 新能源动力电池的生产过程

新能源动力电池的生产过程包括电芯生产、电池模组生产、电池包生产三个过程，如图 6-5 所示。

（1）电芯的诞生。

①活性材料的制浆——搅拌工序。

搅拌工序的石墨材料如图 6-6 所示。

②将搅拌好的浆料涂在铜箔上——涂布工序，如图 6-7 所示。

③将铜箔上负极材料压紧再切分——冷压与预分切，如图 6-8 所示。

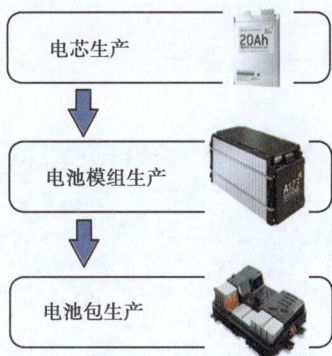

图 6-5　新能源动力电池生产的三个过程

图 6-6　搅拌工序的石墨材料

图 6-7　涂布工序

图 6-8　冷压与预分切

④切出电池上正负极的小耳朵——极耳模切与分条，如图 6-9 所示。

⑤完成电芯的雏形——卷绕工序，如图 6-10 所示。在这里，电池的正极片、负极片、隔离膜以卷绕的方式组合成裸电芯。先进的 CCD 视觉检测设备可实现自动检测及自动纠偏，确保电芯极片不错位。

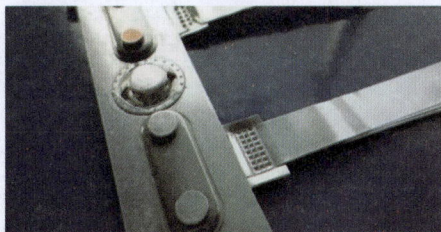

图 6-9　极耳

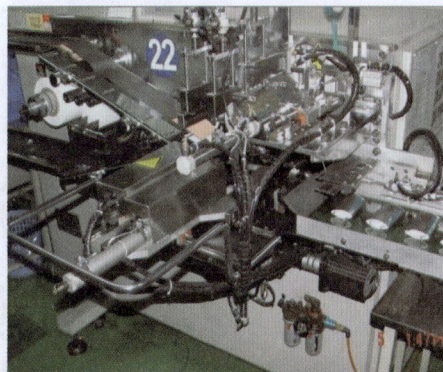

图 6-10　卷绕工序

⑥去除水分和注入电解液——烘焙与注液。水分是电池系统的大敌，电池烘烤工序就是为了使电池内部水分达标，确保电池在整个寿命周期内具有良好的性能，如图 6-11 所示。

⑦电芯激活的过程——化成。化成工序中还包括对电芯"激活"后第二次灌注电解液、称重、注液口焊接、气密性检测，如图6-12所示。自放电测试高温老化及静置保证了产品性能。

图6-11　电芯烘烤

图6-12　化成工序

⑧最后工序——标二维码。所有制造好后的每一个电芯单体都具有一个单独的二维码，记录着生产日期、制造环境、性能参数等。强大的追溯系统可以将任何信息记录在案。如果出现异常，可以随时调取生产信息。这些大数据可以有针对性地对后续改良设计做出数据支持。出厂状态的电芯如图6-13所示。

图6-13　出厂状态的电芯

（2）电池模组生产流程。

①上料（图6-14）。将电芯传送到指定位置，机械手自动抓取并送入模组装配线。

②给电芯洗个澡——等离子清洗工序（图6-15）。

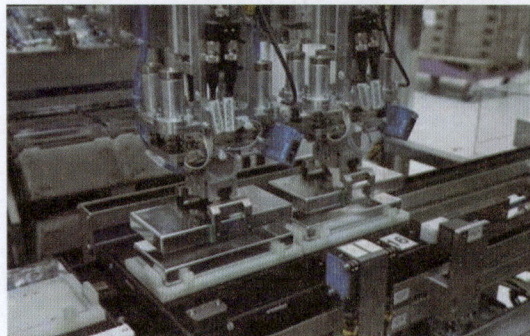

图6-14　电芯上料

图6-15　等离子清洗过程

③将电芯组合起来——电芯涂胶（图6-16）。

④给电芯建个家——端板与侧板的焊接（图6-17）。电池模组多采用铝制端板和侧板焊接而成，通过机器人进行层压和端板、侧板焊接处理。

⑤线束隔离板的装配（图6-18）。

图6-16　电芯的涂胶过程

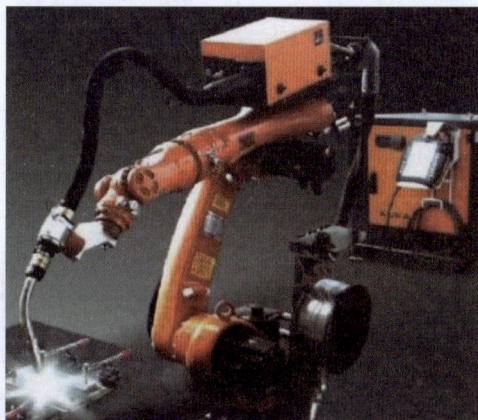

图6-17　焊接处理

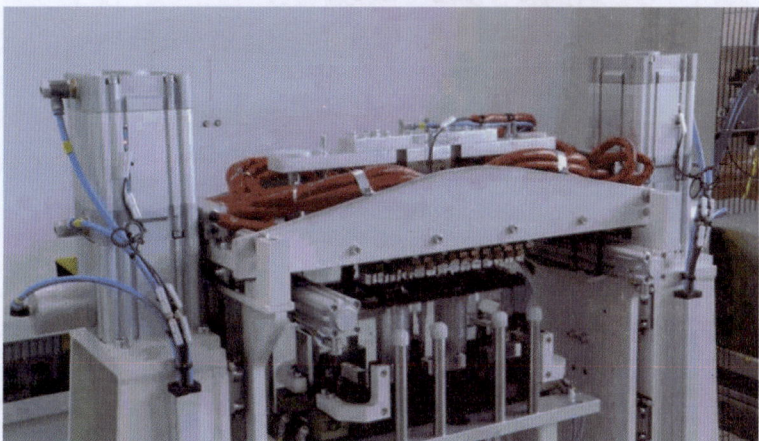

图6-18　线束隔离板的装配

⑥完成电池的串并联——激光焊接（图6-19）。通过自动激光焊接，完成极柱与连接片的连接，实现电池串并联。

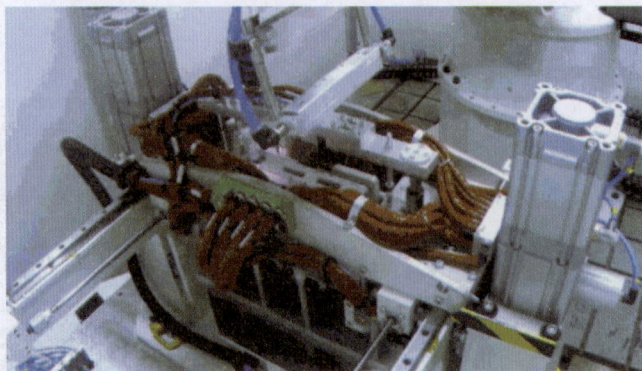

图6-19　激光焊接

⑦下线前的重要一关——下线测试。下线前对模组全性能检查，包括模组电压/电阻、电池单体电压、耐压测试、绝缘电阻测试。标准化的模组设计原理可以定制化匹配不同车型，每个模块还能够安装在车内最佳适合空间和预定位置。

（3）电池包的生产过程。每个电池包包含了若干电池单元，与连接器、控制器和冷却系统集成到一起，外覆铝壳包装，并通过螺栓自动固紧，由电气连接器相连（图6-20），即使发生故障，仅需更换单独的模组即可，不必更换整个电池组，维修工作量和危险性大大降低，更换模组仅需把冷却系统拆解，并不涉及其他构件。

图6-20　电池包的构成

做一做　利用4节1.5 V干电池模拟电芯，制作电池模组和电池包。

> **小提示** 将2节干电池并联起来作为1个电池模组，再将另2节干电池并联起来作为1个电池模组，然后将两个电池模组串联起来形成电池包，用万用表测一测整个电池包的电压。

『学习总结』

根据所学内容，完成电池包制作，并按下表进行检查，根据实现情况，给自己小星星。

总结内容	检查	给自己小星星
电池的分类	检查自己对电池分类的理解	☆ ☆ ☆ ☆ ☆
电芯、电池模组与电池包	检查自己对电芯、电池模组与电池包的理解	☆ ☆ ☆ ☆ ☆
新能源动力电池的生产过程	检查自己是否能说出新能源动力电池的生产过程	☆ ☆ ☆ ☆ ☆

『学习延伸』

圆柱、软包、方形电池包对比

	圆柱电池包	软包电池包	方形电池包
管理系统	小容量的单体电芯导致管理系统（尤其是热管理系统）的复杂程度大大增加	大容量电池，管理系统相对简单	大容量电池，管理系统相对简单
能量密度	由于模块能量密度低，导致能量密度不是很理想	由于模块可以集成很高的能量密度，且空间利用率高，因此系统能量密度高	由于模块可以集成很高的能量密度，且空间利用率高，因此系统能量密度高
热失控安全性	圆柱单体容量小，热失控时影响较小	软包电池热失控会发生鼓包现象，由于现阶段容量相对较小，不易发生爆炸	热失控、针刺会导致模组爆炸
成本	单体较多，因此为了保证温度、性能一致性和模块安全性，需要增加额外成本	集成效率高，易进行热管理控制	机械性能好，同时易进行热管理设计，成本最低

我国能源新突破：钠电池的出现

随着科学技术的不断更新和发展，我们身边的电子产品也在不断地升级变化，手机、计算机、电视、汽车等，都在变得越来越好。随着新能源汽车的上市，电池作为其能源提供物，也将迎来一次重大改革。新型电池的上市，又是否会带来一个新的时代？锂电池是现在市面上新能源汽车最常用的电池，其中还存在许多不足之处。宁德时代新型钠电池的发布，宣称将会解决电动汽车电池的困局。

钠电池（图6-21）能让电池行业的发展迎来下一个时代吗？现在非常普遍的锂电池，其实发源于20世纪。在经过了长达一个世纪的时间里，这款轻薄小巧的电池已经和我们的生活息息相关，日常生活中的许多地方都能见到它的身影，而在这一片繁荣的景象之下依然隐藏着危机。我国是锂电池的制造和消费大国，但是我国的锂资源十分匮乏，大部分只能依靠进口，地球上的锂资源含量也十分有限。在经过长时间的消耗后，锂资源的数量更是大大减少。这就导致近年来用于提取锂的原料——碳酸锂价格上涨。在不久的将来，可能就会面临着资源不足无法生产的困难局面。而且锂的提纯也十分困难，因为锂本身的化学性质非常活泼，想要提纯不仅需要复杂的提取工艺，还需要运用昂贵的专业设备。然而，从 1997 年开始，锂电池的技术停滞了几十年，想要提升十分不易。面对如此困境，科学家只能寻找更好的替代方案，这时，钠电池产生了。钠电池最大的优势是钠资源的获取，与锂资源的匮乏不同，海水中便可以提取无尽的钠元素。虽然目前看来钠电池的优势很明显，但是想要迅速在市场上推广还不现实，钠电池的研发无疑给我们吃下了一颗定心丸，可以作为中国的后备能源使用。相信在不久的将来，随着科技的不断进步，钠电池的出现将会开启一个新时代。

构成钠电池的金属离子如图 6-22 所示。

图 6-21　钠电池

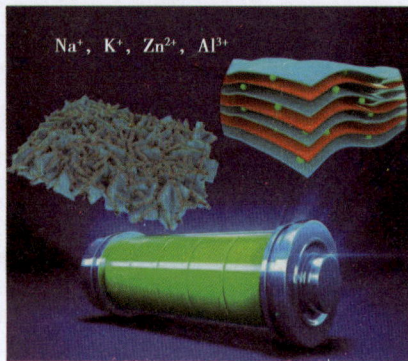

图 6-22　构成钠电池的金属离子

6.2　动力电池检测

『学习情境』

小鹏的小姨驾驶的是燃烧 95 号汽油的传统汽车，自从去年元旦她到国外工作后就把车一直停在车库里。今年暑假小姨回国后准备把车开到郊外去避暑，到了车库一上车打火，发现车打不燃了，于是小鹏把他家的车开到小姨家的车库，小鹏先用万用表测了一下小姨车电瓶的电压，发现电压过低，小鹏将两辆车的电池并联在一起后，小鹏小姨的车才打燃了火。小鹏想，舅舅的新能源汽车的电池如果不能工作，该怎样检测呢？

随着我国清洁能源汽车及消费类电子产品的发展，动力电池作为一种不间断供电设备，是保证产品系统稳定运行的重要基础，而保证动力电池性能的稳定性和可靠性就显得更加重要。

小鹏已经弄清楚了电芯、电池模组与电池包以及新能源动力电池的生产过程，现在他又想知道怎样检测动力电池，你能帮帮他吗？

『学习目标』

　　1.学习动力电池检测的内容，培养科学素养。

　　2.学习动力电池自动检测系统的知识。

　　3.学习动力电池自行检测方法。

『学习导航』

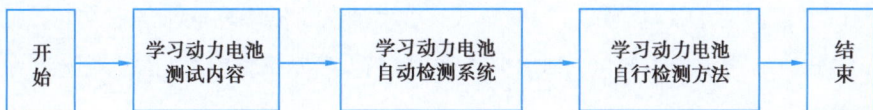

『学习探究』

1.动力电池测试内容

　　动力电池系统作为硬件本体和控制系统结合极为紧密的系统，其测试大致可以划分为两大部分：电池包本体测试、电池管理系统测试，下面分别介绍这两部分的测试情况。

　　（1）电池包本体（Pack）测试。电池包本体测试一般在 DV/PV（设计验证 / 生产验证）阶段进行，目的是验证电池包的设计 / 生产是否符合设计要求。其中包含温度测试、机械测试、外部环境模拟测试、低压电气测试、电磁兼容测试、电气安全测试、电池性能测试、滥用试验测试等。

　　在这里主要介绍电池包滥用试验（即可靠性试验和破坏性试验）的测试方法：

　　①针刺测试。模拟电池遭到尖锐物体刺穿时的场景，因为异物刺入有可能导致内部短路，试验要求不起火、不爆炸。

　　②盐水浸泡。5% 盐水长时间浸没测试，电池功能正常。目前新能源汽车电池包防水防尘等级推荐是 IP67（即 1 m 深的水浸泡半小时无损坏）。汽车的使用环境恶劣，再怎么做防水防尘保护也不过分。

　　③外部火烧。590 ℃火烧持续 130 s 电池无爆炸、起火、燃烧并且无火苗残留。

　　④跌落。1 m 高度自由落体在钢板上电池壳体完整功能正常。

　　⑤振动测试。高频振动模拟测试，要求电池包功能正常。

　　（2）电池管理系统（BMS）测试。电池管理系统的测试更多侧重软件测试，一般在软件功能开发过程中进行。与尚未量产的自动驾驶系统偏向于使用 C 语言实现软件设计不同，现今成熟的电动汽车控制系统（如整车控制器、电机控制器、电池管理系统）软件都是以模型为基础的软件开发（MBD，Model-Based-Design）。MBD 开发相比 C 语言的优点是能够以图形化的方式表达复杂的逻辑，代码可读性、可移植性、开发调试便利程度都大大增强，同时利用成熟的代码生成工具链，也避免了手工代码容易产生的低级错误。

🖐 **做一做**　写出动力电池检测的内容。

2. 动力电池自动测试系统

①测试内容包括电池充/放电性能测试、电池循环寿命测试、电池容量测试、品保出货/进料检测、生产测试等。

②测试项目包括充放电测试、容量测试、倍率测试（倍率充电、倍率放电）、功率密度测试（HPPC）、直流内阻测试（DCR）、荷电保持及容量恢复能力测试、循环寿命测试、工况测试等。

③动力电池自动测试系统如图 6-23 所示。

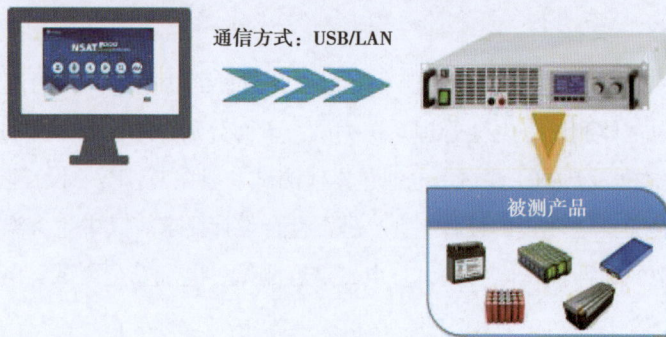

图 6-23　动力电池自动测试系统

④动力电池自动测试流程，如图 6-24 所示。

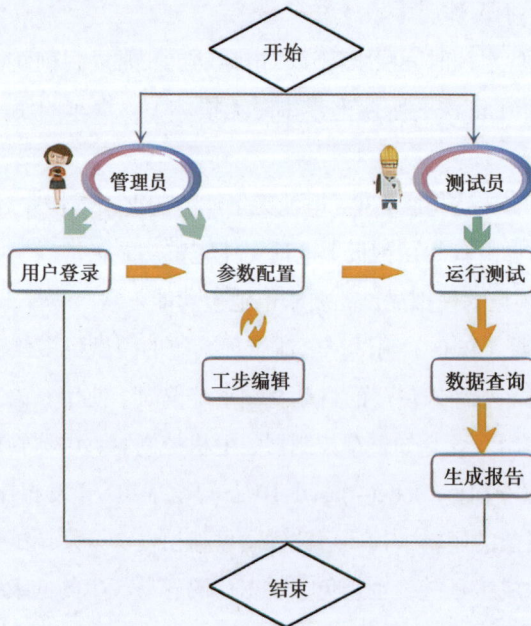

图 6-24　动力电池自动测试流程

⑤应用案例：吉利汽车动力电池产品性能测试现场，如图 6-25 所示，系统部署如图 6-26 所示。

图 6-25　吉利汽车动力电池产品性能测试现场

图 6-26　动力电池自动测试系统部署

> 🔥 **做一做**　参加一次参观活动，参观企业的动力电池自动检测系统。

3. 动力电池自行检测

一般动力电池自行检测的步骤见表 6-2。

表 6-2 一般动力电池自行检测的步骤

检查步骤	结果分析		备注
（1）检查低压蓄电池电压	测量的电压数值（标准值：12 ~ 13.5 V）	测量的数值	
		□正常 □异常	
（2）检查动力电池的绝缘情况	动力电池绝缘性检查	□正常 □异常	
	电池模组漏电检查	□正常 □异常	
	检查串联线破损情况	□正常 □异常	
（3）检查电池模组电压	测量的电压数值	测量的数值	
		□正常 □异常	
	上层电池模组电压标准值：46.2 V 下层电池模组电压标准值：59.4 V		
（4）检查串联线是否松动	检查串联线束松动状态	□正常 □异常	

> 🔥 **做一做**　根据上面的步骤自行完成动力电池的检测。

『学习总结』

根据所学内容，按下表进行检查，根据实现情况，给自己小星星。

总结内容	检查	给自己小星星
动力电池检测的内容	检查动力电池检测的内容是否掌握	☆ ☆ ☆ ☆ ☆
动力电池自动检测系统	检查动力电池自动检测系统是否了解	☆ ☆ ☆ ☆ ☆
动力电池自行检测方法	检查动力电池自行检测步骤是否熟悉	☆ ☆ ☆ ☆ ☆

『学习延伸』

中国国家标准 GB/T 31467.3—2015 介绍

《电动汽车用锂离子动力蓄电池包和系统　第 3 部分：安全性要求与测试方法》（GB/T 31467.3—2015）由中华人民共和国工业和信息化部提出，全国汽车标准化技术委员会归口，于 2015 年正式发布并实施。该标准主要是规定了电动汽车用锂离子动力蓄电池包和系统安全性的要求和测试方法，其主要适用于装载在电动汽车上的锂离子动力蓄电池包和系统。电池包安全性测试主要包括以下 10 个项目（表 6-3）。

表 6-3　电池包安全性测试项目

序号	测试项目	结果评定	对应测试设备
1	振动	能否抗振动	GX-600-ZDN 电池包振动试验机
2	机械冲击	蓄电池包或系统无泄漏、外壳破裂、着火或爆炸等现象。试验后的绝缘电阻值不小于 100 Ω/V	GX-5099-N 电池包机械冲击试验机
3	跌落	蓄电池包或系统无电解液泄漏、着火或爆炸等现象	GX-6050-LA 电池包跌落试验机
4	翻转	蓄电池包或系统无泄漏、外壳破裂、着火或爆炸等现象，并保持连接可靠、结构完好，试验后的绝缘电阻值不小于 100 Ω/V	GX-5718 电池包翻转试验机
5	模拟碰撞	蓄电池包或系统无泄漏、外壳破裂、着火或爆炸等现象，试验后的绝缘电阻值不小于 100 Ω/V	GX-5098 电池包碰撞试验机
6	挤压	蓄电池包或系统无着火、爆炸等现象	GX-5067-AP 电池包挤压试验机
7	温度冲击	蓄电池包或系统无泄漏、外壳破裂、着火或爆炸等现象，试验后的绝缘电阻值不小于 100 Ω/V	GX-3000-BRSLT 系列步入式快速温变试验室
8	湿热循环	蓄电池包或系统无泄漏、外壳破裂、着火或爆炸等现象，试验后 30 min 之内的绝缘电阻值不小于 100 Ω/V	GX-3000-BRSL 系列步入式恒温恒湿试验室
9	海水浸泡	蓄电池包或系统无着火、爆炸等现象	GX-7006-C 电池包海水浸泡试验机
10	外部火烧	蓄电池包或系统无爆炸现象，若有火苗，应在火源移开后 2 min 内熄灭	GX-6053-L 电池包外部火烧试验机

1. 单体欠压

单体欠压是目前最常见的动力电池故障，虽然电芯质量相比以前有很大提高，但动力电池组要用到大量的单体电芯，如果有一颗电芯出现低压情况，随着车辆的使用，电池老化，就可能引起此电芯所在串的低压。单体欠压故障比较容易判断，但需要我们掌握单体电芯电压工作范围、报警阈值、电池厂家规定欠压标准，重点听取或询问驾驶员行驶里程有无缩短，车辆限速或无法行驶时，剩余多少电量。

单体电压检测设备如图 6-27 所示。

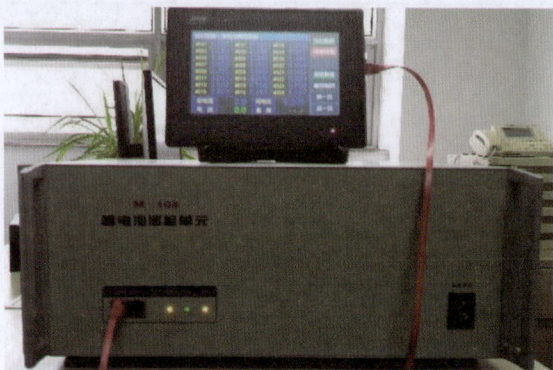

图 6-27　单体电压检测设备

2. 绝缘的故障问题

新能源汽车的动力电池管理系统中，工作线束的接插件内芯和外壳短接、高压线破损与车体短接会导致绝缘故障，同时电压采集线破损与电池箱体短接，也会导致绝缘故障。

电线的绝缘问题如图 6-28 所示。

图 6-28　电线的绝缘问题

3. 单体电压跳变

单体电压跳变是动力电池另外一种常见故障，但因为这类故障持续时间短，数据难收集，诱发原因多，造成判断难度大，排查烦琐。分析此故障，除要掌握电芯电压工作范围、报警阈值外，还需要熟悉电池组采压原理及其线路，询问驾驶员故障出现后是否有重启车辆，重启以后有什么现象，剩余电量有无变化，出现故障时工况情况，仪表故障时报警情况等。

6.3 动力电池回收再生

『学习情境』

当前，新能源在我国是非常重要的产业，而新能源的核心就是动力电池。在动力电池当中，车用动力锂电池有非常多的优点，如不含有毒的重金属、能量密度较高等。因为这些优势，很多制造商都开始使用动力锂电池。动力锂电池的技术经过了较长时间的发展，已经有了非常高的成就。

我国因为大气污染严重的问题，越来越重视环境的保护。为了解决大气污染严重的问题，我国加强了对电动车的重视，推进了电动车的普及，把车用动力电池作为重要的发展项目之一。目前，我国锂电池产业得到了非常快速的发展，以车用动力锂电池为主，我国也已经成为世界最大的锂电池生产基地。但是随着锂电池的生产量加大，回收方面也出现了一定的问题。如果没有非常规范的电池回收制度和技术，废旧的电池对环境会产生一定的影响。

小鹏已经弄清楚了新能源动力电池的生产过程和检测技术，现在他又想知道怎样回收动力电池，你能帮帮他吗？

『学习目标』

1. 学习动力电池回收的必要性，加强环保教育。

2. 学习动力电池全生命周期使用模式的知识。

3. 学习动力电池回收技术。

『学习导航』

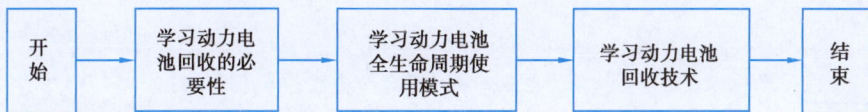

『学习探究』

1. 动力电池回收的必要性

动力电池要进行回收，主要有两个原因：一是环保性，二是经济性。

（1）环保性：电池中含多种有害物质，随意废弃将对生态产生巨大影响。

大量的退役电池将对环境带来潜在的威胁，尤其是动力电池中的重金属、电解质、溶剂及各类有机物辅料，如果不经合理处置而废弃，将对土壤、水等造成巨大危害且修复过程时间长、成本高昂，因此回收需求迫切。

锂电池里面通常含有的物质，根据美国加州 65 法案有害物质列表数据，Ni、Co、磷化物被认为是高危物质。如果废旧锂离子电池采取普通的垃圾处理方法（包括填埋、焚烧、堆肥等），其中的钴、镍、锂、锰等金属以及无机、有机化合物必将对大气、水、土壤造成严重的污染，具有极大的危害性。

废旧锂离子电池中的物质如果进入生态，可造成重金属镍、钴污染（包括砷），氟污染，有机物污染，粉尘和酸碱污染。废旧锂离子电池的电解质及其转化产物（如 $LiPF_6$、$LiAsF_6$、$LiCF_3SO_3$、HF、P_2O_5 等），溶剂及其分解和水解产物（如 DME、甲醇、甲酸等），都是有毒有害物质，可造成人身伤害，甚至死亡。

（2）经济性：电池材料回收的经济价值，主要在于材料再生价值和能量价值再挖掘。这包括了以下 3 个方面。

①锂电池在高端用电器上退役以后，依然可以满足部分低端用电器的需求，通常是电动玩具、储能设施等，回收后的梯次利用能够赋予锂电池更多的价值，特别是退役动力锂电池。

②即使电学性能无法满足更深层次的使用，但其中所含有的 Li、Co、Cu 等相对稀有的金属依然具有再生价值。

③由于部分金属还原耗能与金属再生能量存在巨大差异，如 Al、Ni、Fe，导致金属回收具有能耗上的经济价值。

不同类型的锂电池含有不同种类的金属及其比例，1 t 传统消费类的钴酸锂电池中对应约 170 kg 钴金属，而在铜、铝、锂方面，含量大都相似。因此，总体来看钴酸锂电池的回收价值将大于其余类别，如磷酸铁锂电池和三元锂电池。

电芯在动力电池成本中占比达到 36%，若扣除毛利则电芯成本占比高达 49%；在消费类电池中电芯成本占比更高。而在电芯中，富含镍、钴、锰等金属元素的正极材料的成本占到了 45%。

💡 **做一做** 画一张表格，列出动力电池回收的两大必要性，并具体说明。

---

2. 动力电池全生命周期使用模式

从图 6-29 中可以看出，退役动力电池的去向有两个：梯次利用（又叫梯级利用）和拆解回收。

梯次利用指退役动力电池经过测试、筛选、重组等环节，再次用于低速电动车、备用电源、电力储能等运行工况相对良好、对电池性能要求较低的领域，如图 6-30 所示。

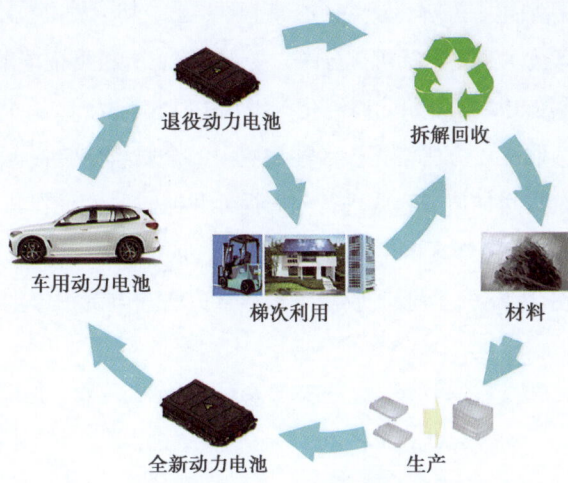

图 6-29 动力电池全生命周期使用模式

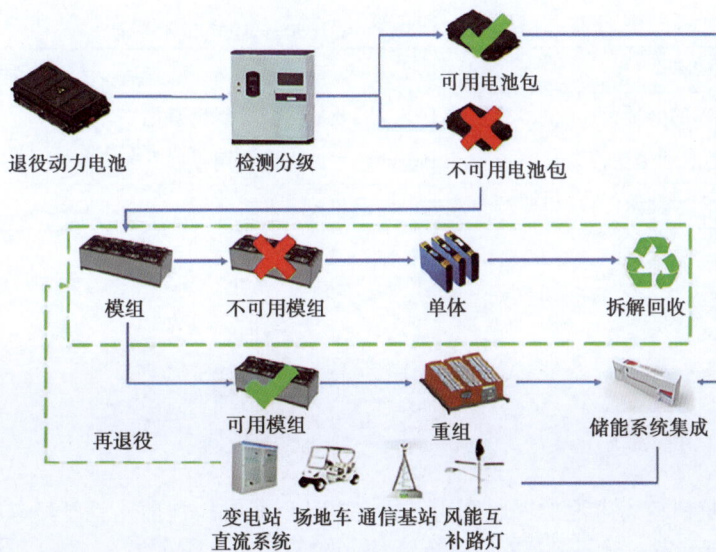

图 6-30 梯级利用场景

目前梯次利用的主要领域仍在储能和调峰。能否用于梯级利用，主要是依据电池的剩余容量。当电池容量在 20% ~ 80% 时，可以进行梯级利用；而电池容量低于 20% 时，则对其拆解进行材料的回收。

说一说 动力电池在整个生命周期中的各个阶段。

3. 动力电池回收技术

废锂离子电池回收技术体系，主要包括预处理、回收和再利用三个过程：

（1）预处理：包括放电、拆解、分离分选等主要步骤，其中放电技术主要包括短接放电、液氮低温穿孔等，分离技术主要包括机械分离、酸/碱溶、有机溶剂溶解、热处理法等。

（2）回收：包括浸出/富集和分离纯化。浸出/富集分为干法回收、湿法回收；分离纯化是指以化学溶剂萃取浸出方法将正极活性物质中的金属组分转移至溶液中，通过萃取、沉淀、吸附、电解等对高附加值的金属进行分离提纯和回收。

（3）再利用：分为直接修复再生和电极材料的合成两种技术体系，其中电极材料合成方法主要包括高温固相合成法、溶胶凝胶法、水热合成法和电沉积再生法等。

🔵 做一做　找一块手机用过的锂电池，用万用表测一测它的电压，说出这块电池的回收利用方式。

『学习总结』

根据所学内容，按下表进行检查，根据实现情况，给自己小星星。

总结内容	检查	给自己小星星
动力电池回收的必要性	检查动力电池回收的必要性是否掌握	☆ ☆ ☆ ☆ ☆
动力电池全生命周期使用模式	检查动力电池全生命周期使用模式是否理解	☆ ☆ ☆ ☆ ☆
动力电池回收技术	检查动力电池回收技术是否了解	☆ ☆ ☆ ☆ ☆

『学习延伸』

国外动力电池回收市场介绍

1. 日本

日本非常重视动力电池的回收利用，早在电动汽车推广之前，就已经考虑了动力电池的梯级利用问题。日产汽车在聆风上市之前就和住友集团合资成立了 4R Energy 能源公司。该公司从事电动车废弃电池的再利用（图 6-31），公司总投资额为 4.5 亿日元，日产占合资公司 51% 的股份，住友则占剩下的 49%。公司目标是开创崭新的结构流程及市场，将内存于汽车内长寿命、能源密度高的蓄电池以不同用途灵活运用。日产相信 4R Energy 合资公司将发挥电动车锂电池的剩余价值，目前已开发了标称功率分别为 12、24、48、72、96 kW 的家用和商用储能产品。

图 6-31　日本 4R Energy 能源公司将回收的电池用于铁路道口交通灯电源

2. 美国

美国对动力电池梯级利用研究较为全面，他们在动力电池经济效益、技术及商业可行性分析、梯次利用尝试等方面都进行了系统的研究。从 2011 年开始，通用汽车与 ABB 开始合作试验如何利用雪佛兰 Volt 沃蓝达的电池组采集电能，回馈电网并最终实现家用和商用供电。2012 年 11 月通用汽车公司与 ABB 在美国旧金山共同展示了一项未来电池再利用的全新尝试：将五组使用过的雪佛兰 Volt 沃蓝达蓄电池重新整合入一个模块化装置，可以支持 3 ~ 5 个美国普通家庭两个小时的电力供应。美国爱迪生基金会预测，到 2030 年，将有 1 900 万辆电动汽车使用二次电池的供电。未来，类似应用将能实现为一些家庭及小型商用楼在停电时提供备用电能，在电价优惠时段储存电能供高峰时段使用，或弥补太阳能、风能或其他可再生能源发电中的缺口。

3. 欧洲

2015 年，博世集团、宝马和瓦滕福公司就动力电池再利用展开合作项目，该项目利用宝马 ActiveE 和 i3 纯电动汽车退役的电池建造 2 MW·h 的大型光伏电站储能系统（图 6-32）。该储能系统由瓦滕福公司负责运行和维护，项目建在德国柏林。博世公司拥有丰富的储能电池建造及维护经验，为保证梯次利用的电池能够拥有尽量长的寿命，博世公司开发了特殊的电池管理算法，该算法可保证每个电池保持在健康状态，并可避免损坏其他设备。2023 年 8 月 17 日，《欧盟电池和废电池法规》正式生效。

图 6-32　欧洲大型光伏电站储能系统（退役电池建造）

参考文献
REFERENCE

［1］戴传山，李太禄 . 地热发电［M］. 上海：华东理工大学出版社，2023.

［2］刘立军 . 森林康养理论与实践［M］. 北京：中国林业出版社，2023.

［3］潘寻，赵静，蒋京呈 . 中国新能源汽车动力电池回收政策解读及建议［J］. 世界环境，
2020（3）：33-36.

［4］路露 . 新能源汽车动力电池回收利用模式分析［J］. 汽车维护与修理，2020（12）：
72-73.

［5］李燕玲 . 浅析汽车动力电池的回收和利用［J］. 汽车维护与修理，2021（2）：70-71.

［6］康新媚 . 我国无人驾驶汽车的发展现状及趋势分析［J］. 汽车维护与修理，2020（16）：
59-61.

［7］蔡广进 . 美国新能源汽车政策与电动汽车发展趋势［J］. 汽车维护与修理，2022（7）：
8-14.

［8］李燕玲 . 浅析汽车动力电池的回收和利用［J］. 汽车维护与修理，2021（2）：70-71.